武莉◎编著

中国纺织出版社有限公司

内 容 提 要

人生如戏，我们每个人都戴着面具在扮演着不同的角色。学习一点行为心理学，就能帮助我们轻松了解他人的真实心理、意图，就能辨明人际关系、轻松驾驭人心。

本书列举了大量的实例，并从心理学的角度给予了深度的剖析，内容涉及社交、职场、婚恋关系等多方面，由表及里，层层深入，引导读者朋友们了解他人的心理活动，进而轻松掌握人际关系中的主动权，做人际博弈的大赢家。

图书在版编目（CIP）数据

行为心理学入门：完全图解版 / 武莉编著. —— 北京：中国纺织出版社有限公司，2022.5
ISBN 978-7-5180-8313-8

Ⅰ.①行⋯ Ⅱ.①武⋯ Ⅲ.①行为主义—心理学—通俗读物 Ⅳ.①B84-063

中国版本图书馆CIP数据核字（2021）第019073号

责任编辑：李凤琴　　责任校对：高　涵　　责任印制：储志伟

中国纺织出版社有限公司出版发行
地址：北京市朝阳区百子湾东里A407号楼　邮政编码：100124
销售电话：010—67004422　传真：010—87155801
http://www.c-textilep.com
中国纺织出版社天猫旗舰店
官方微博 http://weibo.com/2119887771
天津千鹤文化传播有限公司印刷　各地新华书店经销
2022年5月第1版第1次印刷
开本：880×1230　1/32　印张：7.5
字数：106千字　定价：39.80元

凡购本书，如有缺页、倒页、脱页，由本社图书营销中心调换

前言

生活中，每个人都是社会的人，免不了要与人打交道，而在这个过程中，不是所有人都会袒露心扉、直言不讳，不少人会戴着面具与我们打交道，当然，原因有很多种，或是出于善意的自我保护，或是为了征服他人，又或是包藏祸心。对于你每天面对的那些人，你真的了解吗？他们是表里如一，还是信口雌黄？对于自己的领导或同事，你又知道多少？

事实上，不管你是有出众的能力、渊博的知识，还是有过人的手腕，如果你读不懂对方的心理，也很难保持良好的人际关系。

事实上，任何一个人，在人际交往中，都必须学会一项本事——了解他人的心理。否则，就无法对交流对象做出正确的判断，也就会造成人际之间的隔阂，导致不容易办成事。要知道，人脉就是一张关系网，火眼金睛、有洞察力的人才能掌握这张关系网中的每一个人，和每一个人打好关系，然后利用良好的人际关系达到自己的目的，顺利地登上成功的宝座！

然而，要洞悉他人心理，需要我们找到方式方法，而他人的语言与行为，就是了解其内心的突破口，如他的表情、说话的语气和他的举止，都能反映他内心的真实想法。这些反应和行为，都隐藏了一定的秘密。当然，他人的一些生活习惯，比如开车方式、说话习惯、坐立行的姿势都是他们的性格和行为状态的外显。除此之外，在具体的环境中，我们最好要学会一些心理小计策，无论是职场、社交场合还是恋爱中，掌握他人的心理动态，然后对症下药，都能让我们说对的话、做对的事，然后达到我们想要的结果。

可以说，本书就是一本实用的心理学教程，它能给你一双识人的慧眼，一把度人的尺规，翻开这本书，你会发现，它是非常详尽的读心术指导手册，它会教你在与人交往的过程中如何用一双眼睛洞察周围的事物和周围人的想法，从而用一种正确的方式来应对周围形形色色的人，助你到达成功的彼岸，赢得幸福的人生！

编著者
2021年7月

目录

第1章　心眼明亮：从说话方式解读他人心思　‖ 001

　　从说话方式看出他人个性　‖ 002

　　不同的粗口，有着不同的心理学含义　‖ 009

　　爱唠叨的人，往往追求完美　‖ 013

　　从声音语气看出他人的情绪　‖ 017

第2章　吃相醉态：饭桌上的细节更能展现他人真实的一面　‖ 021

　　醉酒后喜欢打电话表明什么　‖ 022

　　爱请客的人，可能经常以自我为中心　‖ 026

　　喜欢买罐装食品的人，戒备心较强　‖ 029

　　醉酒后的异常行为表现了什么　‖ 032

　　为什么有些人常备零食　‖ 036

第3章　见微知著：这些小细节能彰显他人内心　‖ 039

　　你观察对方是怎么看电视的了吗　‖ 040

　　逛街方式能彰显他人的个性心理　‖ 043

　　涂鸦方式背后的心理意义你知道吗　‖ 047

　　从如何收纳物品看他的做事风格　‖ 052

001

从睡觉习惯中观察到他的性格特征 ‖ 056

第4章 兴趣偏好：喜欢的和擅长的能帮助我们了解对方心理状况 ‖ 061

喜欢什么游戏，就是什么个性 ‖ 062

闲暇时间的爱好，体现出一个人的个性 ‖ 067

旅行的目的，彰显了对方的心理 ‖ 072

约会时选择什么场所，体现了相应的心理 ‖ 077

第5章 察行观止：从对方的行为习惯看其潜在心理 ‖ 081

开场白越是冗长，越是体现出不自信 ‖ 082

爱为朋友牵线搭桥的人可能爱表现 ‖ 085

爱揭他人短，可能嫉妒心很强 ‖ 088

强求别人来赴约，可能虚荣心强且私心重 ‖ 092

爱对别人指手画脚的人多半争强好胜 ‖ 096

第6章 职场举止：从他人职场表现判断其性格心理 ‖ 099

工作不积极，生活也消极 ‖ 100

同事内心，你可以从其面部表情了解 ‖ 102

想了解同事心里的想法，观其小动作 ‖ 108

学习古代文化，了解如何甄选人才 ‖ 112

目录

第7章　识人察人：年轻人要有对他人忠奸善恶的判断方法　‖117

说话时，眼神游离的人可能所言非实　‖118

小人常用微表情掩饰内心　‖122

年轻人要多留个心眼，小心小人背后的小动作　‖126

主动远离爱打听八卦的人　‖131

多点防备心，谨防"糖衣炮弹"的攻击　‖135

第8章　识破真伪：从他人不经意间流露出来的细节辨别真假　‖139

前后不一、自相矛盾者多半是在撒谎　‖140

常用来遮掩谎言的几类托辞　‖144

观察对方眼神，读出对方话语的真假　‖149

第9章　了解人心：年轻人参与社交要多做准备工作　‖153

先了解对方需求，更能对症下药　‖154

年轻人要坚持交往原则，了解社交规则　‖158

收集信息，多了解对方　‖166

到什么山唱什么歌，与人交往要因人而异　‖170

交谈中提及对方的兴趣，能获得好感　‖175

003

第10章　赢得信任：遵循这些原则让你迅速赢得友谊　∥177

　　吃点亏，反而能赢得人心　∥178

　　有得意之事，也不要在失意者面前表现出来　∥182

　　忠义仁厚，不做落井下石之事　∥187

　　做人留一线，日后好相见　∥190

　　面子就是尊严，无论如何不要伤害他人面子　∥194

第11章　把握分寸：与上司打交道一定要识趣　∥197

　　认真观察，洞悉上司的心思　∥198

　　转让创意，让上司出彩　∥204

　　领导相争，绝不站队　∥208

　　上司的要求，如何拒绝　∥211

第12章　亲密有间：与同事打交道不可过分亲昵　∥217

　　把握距离，不可与同事走得太近　∥218

　　同事争功，要维护自己的成绩　∥220

　　城府深的同事，远离是明智之选　∥224

　　留个心眼，小心那些虚伪的同事　∥227

参考文献　∥231

第1章

心眼明亮：从说话方式解读他人心思

正所谓"言为心声"，一个人的所想及所思都会直接反映在其言辞举止上，两者在相当程度上有着密切的关系。一个人的言辞举止可以从侧面反映他为人处世的态度和生活理念。因此，我们可以通过一个人的言辞举止，大致了解他的性格特征。

从说话方式看出他人个性

在日常生活中，每个人的说话方式都不一样，而一个人的说话方式在一定程度上直接反映了一个人的性格特征。我们可以通过对方的说话方式，来判断他的性格特征。另外，几乎每个人都有几句经常挂在嘴边的口头禅，而这也在一定程度上反映了这个人的个性。

1.不同的说话方式反映不同的个性

（1）说话声音大的人

一般来说，说话声音大的人常常让人觉得口无遮拦、脾气直爽，是一就说一，是二就说二，绝不把话憋着、藏着，如果想让他们把话憋在心里那比登天还难。他们的性格开朗、大方、直爽，但是有点莽撞。如《三国演义》里的张飞、《水浒传》里的李逵，都属于这种人。其实，他们貌似莽撞，却往往大智若愚，他们的头脑和人品都值得信赖，是成为知心朋友的不错人选。

（2）说话声音小的人

说话声音小的人，有很多种类型。有的人习惯凑到你的耳边窃窃私语，这样的人喜欢窥探他人的隐私，经常是流言蜚语的制造者；有的人说话时神神秘秘、左顾右盼，这样的人口是心非，度量狭小；有的人说话不紧不慢，声音虽小，但字字都能清晰地传到你的耳朵里来，这样的人比较有心机，但心态也略显沉稳，是很值得托付重要的事情的人。

（3）说话速度快的人

有的人说话速度很快，像打机关枪一样。这样的人大多性格活泼、思维敏锐、感觉灵敏，对于别人的话语领悟较快，反应敏捷、迅速。不过，他们有时也会因为"快"而惹出不少麻烦事情。由于反应比较快，他们有时会在对方没有说完话的时候就轻易下结论，导致对他人的误解；有时还没有想好怎样回答就脱口而出，导致自己陷入困境；有时他们会在对方试图解释的时候打断对方，导致矛盾激化或者不欢而散。

（4）说话速度慢的人

说话速度慢的人，性格都比较沉稳。他们会把自己的情绪隐藏起来，不在别人面前表现出大喜大悲。他们在处理事情的时候，考虑得比较周全，希望做到万无一失。他们一旦认准了奋斗的目标，就绝不会轻易放弃。虽然有着这样的"倔"劲，但是天性做事沉稳的他们总是能碰到好运气，很少会失败。

（5）说话冷冰的人

有的人说话一句一顿，像雪山上的冰柱一样，冰凉坚硬。这样的人表面看起来比较"冷酷"，给人的感觉是冷峻、严肃、不好接近的，但这只是表面现象。其实，在他们的情绪里一直有一团火在悄悄地燃烧。他们表面上看起来唯我独尊，其实内心极不自信，并且有着很强的焦虑感。

（6）说话惜字如金的人

有的人说话惜字如金，别人跟他说了好多话，他才回答简短的一两句，似乎对你的问话无动于衷。他们常常给人的感觉很不礼貌、目中无人，其实并不完全是这样，他们有可能是真的不太善于讲话，习惯默默地做好自己手头的事情。如果非要他们开口说话，他们只能简单地说几句，虽然语句不多，音调变化不大，语言也很朴素，但是这些话都是他们的心里话，细细品味，就一定会让你信服。

（7）说话时声音发颤的人

有的人说话时声音发颤，甚至会全身上下一起发抖，这并不是与生俱来的声音，也不是唱歌时发出的颤音。这是由于他们的内心非常紧张，精神也处于一种高度的焦虑状态，他们希望能尽早结束自己的发言和谈话。这种人极度不自信的，他们在事业上也容易遭受挫折。

2.不同的口头禅表现不同的个性

（1）习惯说"说真的、老实说、的确、不骗你"

有的人习惯说"说真的、老实说、的确、不骗你"这类的口头禅。如果他们在谈话过程中反复强调自己是在"说真的""老实说"，刻意表明自己的诚实可信，这说明他们担心自己表达出来的语言会被别人误解。

第 1 章 心眼明亮：从说话方式解读他人心思

有的人说话声音比较大，而有的人说话声音比较小；有的人说话速度快，有的人说话速度很慢；有的人说话惜字如金，有的人说话声音发颤。这些不同的说话方式代表着人们不同的个性。

这样的人性格有些急躁，内心经常会愤愤不平。不管是对方对自己所陈述事件的评价还是对方对自己的评价，他们都会十分在意，所以一再强调事情的真实性，自己的诚实。他们希望自己被认可，并得到朋友的信赖。

（2）习惯说"应该、必须、必定会、一定要"

有的人习惯说"应该、必须、必定会、一定要"这类的口头禅。这类的口头禅具有较强的命令性和确定性，经常说这类口头禅的人，做事情显得很理智，比较冷静，并拥有较强的自信心。

（3）习惯说"听说、据说、听人讲"

有的人习惯说"听说、据说、听人讲"这类的口头禅。很明显，这类口头禅的最大特点就是推卸责任，说这类口头禅的人，是在告诉别人，现在他们所说的话语并不是发自他们的内心，其实只是道听途说，如果你因听信这些话而造成不良后果的话，他们是不会负责的。

（4）习惯说"可能是吧、或许是吧、大概是吧"

有的人习惯说"可能是吧、或许是吧、大概是吧"这类的口头禅。这类口头禅的特点就是模棱两可，经常说这类话的人，总是掩饰自己的真实想法，有较强的自我防卫意识，不会将内心的想法完全暴露出来。在处事待人方面很冷静，所以工作和人事关系都不错。

（5）习惯说"但是、不过"

有的人习惯说"但是、不过"这类的口头禅。"但是、不过"是带有转折意味的连词，习惯说这样的话的人，总会用"但是、不过"后面的内容来为自己作辩解；同时，"但是、不过"后面的内容也为说话者提供了一种保护，给自己前面的话语留下了足够的余地。

第 1 章 心眼明亮：从说话方式解读他人心思

行为线索

现代心理学研究发现：口头禅看似随口说出，其实跟说话者的性格、生活遭遇或是精神状态密切相关，口头禅也影响着其他人对说话者的感觉。从这个意义上说，口头禅其实也不是完全的无心之言，它其实是一种内心真实想法的表达，反映着说话者的心理状态和性格特点。从不同的口头禅里，我们可以洞察出对方的心理特点。

（6）习惯说"啊、呀、这个、那个、嗯"

有的人习惯说"啊、呀、这个、那个、嗯"这类的口头禅。有这种口头禅的人,是反应较迟钝的或是比较有城府的;也会有骄傲的人爱用这种口头语,这是因为怕说错话,需要时间来思考。通常来说,这种人的内心常常是很孤独的。

不同的粗口,有着不同的心理学含义

我们在日常生活中各个场合、聚会上,都会听见一些粗口,那些不堪入耳的话就这样顺势进入我们的耳中。其实,说"粗口"是和说话者本身的成长环境,家庭的潜移默化及个人的修养,还有内在和外在的文化素质是否协调统一分不开的。

人们说"粗口",有各方面的原因。有可能是因为习惯,有可能是表达愤怒,有可能是素质低下,有可能纯粹是一种心理上的满足,还有可能是游戏的心理。当然,不同的粗口有不同的心理意义。

1.出于习惯

在现实社会中,说"粗口"对于某一部分人来说是一种习惯,当然这与个人素质也有一定的关系。其实,有时候"粗口",不一定等于读书少,或者没教养。比如,很多淳朴的劳动人民,虽然经常说"粗口",但是心地是善良的。他们说的"粗口"已经融合进生活中了,成为了一种习惯,成为了表达他们喜怒哀乐的语言媒介。所以,这一部分人说"粗口"是一种习惯,就像是口头禅一样。在某种情况下,他们是不自觉地说粗口,没有任何的实际意义。

2.表达愤怒

有人说："名人，斯文的人，在说到'小人'时已经无法用什么词来形容了。"因此，在这时候用"粗口"对小人比较贴切。比如大家都很熟悉的台湾名人李敖，读书太多了，可以说是"满腹经纶"，但是在谈到"小人"的时候，还是忍不住要讲"粗口"，听众对此的反应是"热烈鼓掌"，认为李敖说出了民众的心声。当然，生活中的李敖也不讲"粗口"。而有些说粗口的人，只是自制力不够，在愤怒时就口不择言。

3.为了发泄心中的不满

人们聚在一起，特别是很多男人聚在一起时，比较容易说一些"有伤大雅"的粗话，而他们尤其偏爱涉及禁忌的词汇，例如与性行为有关的语言，或牵涉排泄物的词汇。在他们看来，好像只有说几句"粗口"才能体现男子汉的气概。其实，他们说粗口的主要原因是内心的欲望得不到满足。

现实中，有些人谈吐文雅，外表斯文，可内心却是险恶、肮脏的。他们在平时表现得彬彬有礼、恪守规矩，不轻易动怒，却在某些时候口出秽言。这是因为他们心理的某些方面存在着偏执。他们在平时就显得焦躁不安，内心有众多不满的情绪，却没有办法来发泄，所以经过长年累月的积压，一旦他们积累的不满被偶然事件触发，不论何时、何地、何人，他们都会借题大肆发挥，说出污言秽语来。有时候，即使说话的人不是存心的，但对听者来说，心里却很不好受。这种因欲求得不到满足而产生的粗言恶语，说话的人在说出口的时候，并没有考虑到会给自己带来的后果，至于是否会伤害到别人，他们更不会考虑到了。

4.寻求心理上的平衡

如果从温文尔雅的女人口中说出一些不堪入耳的粗口，这是十分难以让人理解的。但是近年来，女性亦毫不逊色于男人，也学会了爆粗口，甚至说得更加厉害，有的女人说得出比男人更露骨更难听的下流话。其实，这就好似妇女解放运动时期极典型的女性心理特征。如果我们站在女性的立场上看待这种现象，就会明白其心理动机是希望表现得像男人一样，其实就是为了寻求心理上的某种平衡。她们会想"为什么男人可以说，而我们不能说"，于是，她们也像男人一样说粗口，这可以给她们一种与男人并驾齐驱的感觉。

5.只是种游戏

我们在生活中不难发现，孩子们特别是男孩子也爱说粗话。这是为什么呢？如果孩子们在父母面前说粗话，毫无疑问，一定会受到父母的训斥。所以，这时候"粗话"就只能变成孩子们和同伴之间在互相游戏时的用语。孩子们都知道"那种话"并没有恶意，只是一种游戏，而这种游戏可以让他们顺利摆脱父母的教训。在小伙伴面前自由地说"粗口"，甚至可以让他们觉得自己也能像大人一样说话，自己看起来也像个大人。

所谓粗话，大多是为了发泄内心的不满，有的也是出于习惯，或是一种愤怒的表达，或是寻求某种心理平衡，一般并不具有特殊的意义，同时又不对身体造成实际上的伤害。所以，除了那些想给你致命打击而事先在内心计划好的蓄意性言语，对于别人的粗言恶语，最好充耳不闻。

爱唠叨的人，往往追求完美

在日常生活中，我们经常会碰到一些爱唠叨的人，他们经常会抱怨说这个没有做好，那件事情哪里又出了差错。从早到晚，他们的嘴巴似乎就没有休息过。他们总是挑剔生活中的每一件事情，甚至是一些微不足道的小事。其实，这类爱唠叨的人都是追求完美的人，他们对生活中的每一个细节都苛求十全十美，见不得任何一点点的瑕疵。于是，当生活展现在他们面前的时候，他们就会发现生活中很多不如意的事情，由此生出一些抱怨、唠叨。

为什么有的人特别喜欢唠叨、发牢骚呢？其实，人生在世，不如意事十之八九。当他们一遇到那些不如意的事情，自然也就觉得有满腹的牢骚，喜欢唠叨了。

那些经常对生活充满抱怨，喜欢唠叨的人，大多是追求完美的人。他们凡事都要求高水平，并时常在脑海中描绘完美的蓝图，由于现实与理想之间的差别，就对现实生活充满了抱怨，自然也就开始唠叨不断了。一般来说，那些喜欢唠叨的人，通常希望自己能过上理想的生活，甚至成天沉迷于幻想的世界中，对于现实的问题则采取漠视的态度。

| 行为心理学入门：完全图解版

行为线索　很多上班族喜欢在喝酒时发牢骚话，有时候真是唠叨个没完没了，一发不可收拾。他们大多会就生活、工作上的事情进行唠叨。在他们心里，总希望生活能够按他们的想法来进行，这样才能够十全十美，完美无缺。

这些经常唠叨的人，在他们的心目中，总认为自己是最完美、不会出错的人。因此，在某种程度上说，这种类型的人是非常难相处的。在他们当中，其实有许多人并非缺乏自信。相反，他们总是充满自信地认为，自己的表现完美无缺，因此常会愤世嫉俗地认为：他们怎么总是这样，什么事情都做不好，什么事情都不能够让自己满意。其实，如果他们能够早一点认清事实，了解自己本身其实也并不是十全十美的，他们就会对别人少一点苛求，少一点唠叨了。

　　在那些喜欢唠叨的人之中，有一些是怀才不遇的。他们本身很有能力，但因为人际关系不好，而被周围的人所孤立，无法受到重用，也无法取得更为长远的发展。而他们的人际关系差的主要原因也是由于他们喜欢唠叨，当身边有人在的时候，他们就可以整天唠叨，事事抱怨，但是没有谁愿意听别人的唠叨，也没有人受得了整天唠叨的人。因此当身边的人受不了你唠叨的时候，他们就会一个一个地离开，对你敬而远之，最后只剩下自己孤单一人时，你就应该警觉到其实自己也并不是完美无缺的人。

　　其实，换个角度想，如果世界上没有这些爱唠叨的人存在，那么所有人都有可能安于现状，不求进步。而正是因为有这些会唠叨、敢批评的人存在，人们才会更加努力地去追求完美。比如说父母，他们老是在我们耳边唠唠叨叨，但是如果没有他们的唠叨，我们就会在成长的路上多走一些弯路，少一些成功的机会。正是因为他们的唠叨，我们才能避免一些不必要的麻烦。因此，那些老是喜欢唠叨的人虽然显得有些啰唆，但他们在挑他人的毛病、找他人的缺点方面，却拥有傲人的才能、敏锐的眼光，所以有时候你不妨侧耳倾听，或许会有意想不到的收获。

从声音语气看出他人的情绪

人的声音包含各种要素,而声调是很重要的要素之一,说话的声调是声和气的综合。通常来说,那些说话比较大的声音,具有某种权威性,可以打消别人的气焰,达到控场的作用;然而,有时有些小的声音更能发挥作用,因为声音小会更加吸引人们的注意,让人去听清楚你到底表达的是什么。当然,一个人的声大声小都需要一些姿势辅助,这样效果才会更好。

其实,发声方法对音质有很大的影响。如果你在说话时采用鼻子产生共鸣,声音如泣如诉,无形之中会给人傲慢的印象;而如果采用胸腔来产生共鸣的话,发声方法的改变就会使声音变得丰富而强有力。

除此之外,一个人说话的速度也影响到交谈双方之间的交流。那些说话速度太快的人,会很容易给人有某种急事或有某种迫切感的印象,这就会让对方感到你个性比较焦躁,甚至有些粗鲁。

而那些说话缓慢的人,表面上给人沉稳、深思熟虑的印象,但语速太慢也会给人一种犹豫不决或漫不经心的印象,甚至有时候还会表现出消极的意义。

行为心理学入门：完全图解版

行为线索 一个人的声气会透露他的"生气"。无论是在生活中还是工作中，我们都可以从声气中识人，从对方的声气中辨别出对方此时此刻的情绪及性格特征。

1.轻声细语的人

在与人交谈时，这种声气可以有效缩短人与人之间的感情距离，加深双方之间的关系。这是因为，轻声细气说话的人常常会给人一种谦恭、谨慎与文雅的印象，这无疑容易引起对方的好感。而且有时候，它还能避免一些因为语言不当而引起的麻烦。但如果用它来公开坚持意见、反驳别人或者维护正义和尊严，则是不恰当的。

2.唉声叹气的人

一般来说，经常唉声叹气的人心理承受能力较弱，缺乏自信心和勇气，一旦遭遇挫折和困难，便会充满了沮丧的情绪，颓废不堪，甚至从此一蹶不振。

3.和声细气说话的人

"和声细气"这种声和气，就像是小河里的涓涓细流，轻松自然，和蔼亲切，不紧不慢，能给对方一种舒适、亲密、友好、温馨的感觉。人们使用"和声细气"，常常是请求、询问、安慰、陈述意见的时候。和声细气地说话，可以展现出男性的文雅大度和女性的阴柔之美。如果是"和声细气"说话的男人，他必定是厚道、宽容、胸襟宽广的；而如果是"和声细气"说话的女人，她必定是温柔、善良、善解人意的。特别是运用"和声细气"来抒发情感，更具有一种迷人的魅力。

4.高声大气说话的人

人们用"高声大气"的声气来召唤、鼓动、强调某件事情，或者是表达自己激动的心情。"高声大气"通常用来表示极度的兴奋或者激情澎湃的情绪，同时也能表现出说话者的性格。一般来说，这样说话的人大多富于激情，十分粗犷豪放。比如《三国演义》中的张飞，他性格中的粗犷、勇猛、爽直等品质一直深深地吸引着读者。他说话就是高声大气的类型，尤其是在长坂桥一役，曹操带领大军追赶赵云。张飞骑着马站立桥头，怒目圆睁，厉声大喝："我乃燕人张翼德也，谁敢与我决一死战！"声音如雷，将曹军部将惊得肝胆欲裂，倒跌于马下，曹操也领着大军回马走了。

第2章

吃相醉态：饭桌上的细节更能展现他人真实的一面

人们反映在饮食习惯、吃喝态度上的姿态真可谓是丰富多彩。所以，我们完全可以通过对方的饮食习惯、吃喝态度读懂他的心思、习惯和性格。我们可以通过对方喜欢的食物及口味来读懂他，也可以通过对方在醉酒后做出的反常举动来读懂他。

行为心理学入门：完全图解版

醉酒后喜欢打电话表明什么

生活中，细心的人会发现，有的人喝醉酒后常常会猛打电话，并且会在不适合打电话的时间打电话，这是什么原因呢？其实，这些人是希望能和更多的人交往、沟通，借以发泄内心的不满情绪。我们经常可以在夜晚的街道上，看到一些醉汉漫无目的地闲逛，有时也可以看到他们无缘无故地骚扰行人，这些行为无非是想诉说自己的孤独而已。所以，那些醉酒后喜欢打电话的人，其实他们的内心是很孤独的，他们渴望得到别人的关怀。

酒醉后的人，经常会自以为想起了一件十分重要的事情，就打电话给别人想说一说自己想起的那件事情，而且他们打电话是没有时间限制的。但是接电话的人，却经常会被他们那些所谓的理由弄得哭笑不得，特别是半夜三更接到电话，更是令人感到不胜厌烦。那么，为什么会造成这样的情况呢？

1.渴望得到朋友的关怀

我们仔细探讨这些人的举动，就可知道在喝醉酒时打电话的人是孤独的，他们需要他人的关怀，尤其是来自朋友或最为亲密的人的关怀。那些借酒麻醉自己的人，为了使自己的身心得到解脱，摆脱所在群体给他带来的束缚，会做出深夜打电话来博取别人注意的行为。在这种情况下，他们只是为了发泄平常内心的不满情绪和苦闷烦恼，或者借机发泄平常和上司、同事间的不愉快。虽然他们看起来好似无意识，但是他们心里有着清晰的渴望，那就是希望获得朋友或亲密的人的安慰，所以他们的无礼举动，多半都是指向与自己关系亲密的朋友或亲人。

由于他们在日常生活中积攒了很多不满情绪和紧张心理，因此，一旦他们脱离群体时，就会想方设法地进行释放。而这些负面情绪，平常是被压抑的，所以借着酒醉，内心就想挣脱束缚。

于是，为了消除内心的孤独感和郁闷情绪，得到来自别人的一些关怀和注意力，只好打电话给他们的朋友，这就是其行为产生的心理动机。

2.非常识的行为

其实，喝醉酒打电话是一种"非常识的行为"，因为喝醉酒的人已经不被人与人交往应有的常识规范所束缚。所以他们会在不适当的时候打电话，比如深夜一两点时，毫不顾虑别人的作息时间打电话给人，而对方听到的只是醉汉的喊叫声，或夹杂着喧闹音乐声的胡言乱语。而且，他们还会说些不同于平常的话语，比如他们会说："我现在正在喝酒，你给我马上过来，我会一直等到你来陪我为止。"

行为心理学入门：完全图解版

行为线索

那些喝醉酒猛打电话的人，其实他们的心态已经脱离了现实，和接电话的人在想法上有很大的差别。喝醉酒猛打电话的人有强烈的说话欲望，而接电话的人则会因为被打扰而显得不耐烦，两人当然话不投机。有些人会认为，对方既然已经喝醉了，只要随便说些应付他的话敷衍过去就算了，但是这种做法是极为不妥的。因为那些喝酒醉的人，一旦打开了话匣子，就无法停下来，他们会纠缠着你没完没了。

第 2 章 吃相醉态：饭桌上的细节更能展现他人真实的一面

当你接到这种电话时，即便置之不理将电话挂断，对方还是会坚持再打来，并且振振有词地说"你真是太不够意思了，对我一点都不关心！"等一些令人厌恶的话，如果再加上电话里夹杂着吵闹、酒醉的杂乱声，更会让接电话的人情绪恶劣。

绝大多数的人都生活在一定的团体或群体中，所以无法完全脱离群体。但那些喝醉酒猛打电话的人，他们的价值观和生活方式已经完全脱离了自己所在的团体和群体，因而行为显得比较异常，面对这样的人，最好的办法就是敬而远之。

爱请客的人，可能经常以自我为中心

在日常生活中，我们经常会遇到这样一类人，他们喜欢请客，动不动就说："这次我请你们"，或者很豪爽地说："想吃点什么，随便点，今天我请客"。当他们表露出请客的欲望的时候，那种自豪感和满足感显得尤为突出。其实，每个人都希望自己拥有请客的经济能力，因为只要自己有钱请客，就可以不用担心自己不如别人。还可以在朋友或同事面前显示自己有能力的一面，所以，但凡那些喜欢请客的人都拥有一种强烈的自我满足欲望。

另外，我们可以观察那些被请的一方。一般来说，被请客的一方通常有两种心理。一种是别人请客，自己不用掏腰包，这从表面上看是自己占了便宜，但是让对方付钱，显得别人很有能力，一对比就很容易形成自卑感，反而不能痛快地享受；还有另一种被请客的心理，那就是认为别人请客让自己痛快享受是理所当然的，这种人大多都是不愿自掏腰包的吝啬鬼；不过除此之外，他们还可能是从小就形成了依赖别人的心理。

对于每个人来说，最早接触的人际关系是与母亲的关系。我们每一个人都有向母亲撒娇的经验和权利，而这种

第 2 章　吃相醉态：饭桌上的细节更能展现他人真实的一面

依赖、撒娇的态度一旦固定成型，长大成人后在现实生活中也容易出现，有时就体现在接受别人请客的满足感中。而那些喜欢请客的人，即便他们的立场是出于好意，是主动邀请对方一起吃饭，但其心态和接受自己好意的对方也是一样的，这样一种心理与那些过度保护孩子的母亲的心理是非常相似的。

很多母亲会过度保护自己的孩子，甚至达到溺爱的程度，她们什么事情都替孩子做好，从表面上看虽然做母亲的比较辛苦，但是其实母亲之所以有这样的行为是有其原因的，她们主要想通过这样的行为来满足自己的心理欲望。当母亲们还是孩子的时候，她们也受到了自己父母的呵护，那种受呵护的心理满足感一直跟随着她们，等到自己做了母亲，她们就会把自己的孩子当成自己欲望满足的对象。于是，我们看见这样的母亲都不禁为她的母爱而感动，但是她实际上是企图通过过度保护孩子的方式来满足自己的心理欲望。而那些喜欢请客的人，和喜欢被人请客的人凑在一起，就如同过分保护孩子的母亲与向母亲撒娇的人，他们各有所需，都得到了满足。

所以当我们看到那些其实身上并没有多少钱，却总想办法、找借口请客的人，就应该清楚他们的心态。只要他们不是别有所图，你完全可以接受他们的好意。

行为心理学入门：完全图解版

行为线索

很多人特别爱请客，归根结底他们是想从请客的过程中获得一种满足感。这种满足感可能是一种优越感、自豪感，可能是为了表示对朋友的谢意，可能是有事想求朋友帮忙，也可能纯粹是为了增进朋友之间的感情。于是，他们乐意借着种种理由请客，使自己获得一种满足感。

喜欢买罐装食品的人，戒备心较强

在生活中，我们细心些就会发现很多人喜欢买罐装食品，他们在逛超市的时候，总是对那些已经包装好的食品有兴趣，而不屑于那些散装的食品。他们的购物车里，总是塞满了罐装啤酒、盒装的牛奶、桶装的方便面，他们甚至乐于吃一些盒饭而不愿意进餐馆。

其实，这类人的防范意识很重，他们在心里对自己的生活有一定范围的认定，一旦身边有什么事情超出了他们认定的界限，他们就不愿意去接受，而是愿意坚持自己固定形成的想法。

有时候，我们可以发现，当火车即将开动时，有些乘客会买一大堆罐装啤酒、果汁或盒饭入站。而他们对自己的这种行为，自然准备了各种各样的理由，他们会说："这会比在车上买便宜"或"如果在途中想吃东西的时候怎么办，可以事先做些准备。"

事实上，这类人的行为直接透露了他们较重的防范意识，他们的购买行为，潜藏着很多内在的复杂的心理问题，大致可以分为三类。

1.有过恐慌的经历

曾经有过恐慌经历的人，比如说曾经有过缺粮经历的人，他们可能在以前经常会担心第二天没有饭吃，因此即使在物质丰富的今天，这样的恐慌感也随时会出现。所以，他们为了寻求一种安全感，为了消除自己内心的那种随时出现的恐慌感，宁愿多买一些食品在身边以防万一，而罐装食物易于方便携带的特性，使得它是这类人最恰当的选择。他们会有这种选择行为，是由于内心深处经验教训经常提醒自己防患于未然，这样也会激发他们的购买欲望。

2.寻找安全感

离开家外出旅行的人。对这些人而言，家是一个可供居住的舒适场所，更是一个可以长久依赖的地方。而离开家外出旅游，他们就容易无所适从，丧失内心的安全感。于是，他们想通过买一些罐装食品来重新获取一种安全感。这表明他们对于家以外的世界，总是时刻怀着防范的心理。

家庭对每个人来说，都是一个安全舒适的地方，是心灵的港湾。在心理上，人们依赖家庭，就如同幼儿依赖母亲的乳房般。当你经过一天忙碌的工作，回到气氛温馨的家里，立即就会获得一种较为稳定的安全感；如果一个人不能依靠家庭，不能依赖家庭，那么他就没有心灵上的一种归属感，甚至会感觉无法生存。所以对他们而言，家庭是其获取安全感的地方，也是可以确认爱的地方。

第 2 章　吃相醉态：饭桌上的细节更能展现他人真实的一面

行为线索　无论是从罐装食品本身，还是从人们购买那些方便食品时的心理动机，我们都能够发现他们的防范意识比较重。除了他们自己设定的生活范围及家庭，他们对外界都持有一种戒心，并努力从一些外在的食品中来获得一种安全感。

3.满足自己的欲望

参加团体旅游或全家外出旅行时，有些人会有购买大量食物的行为。当我们出外游玩，就等于离开了现实的严肃生活，让自己的心灵得到暂时的松懈，让自己获得一种愉快的心情。越是快乐的旅行，就越容易勾起人们的食欲。从一个人的心理需求上来说，我们就可以发现他们急于想从罐装食品、方便食品中获得一种安全感。

醉酒后的异常行为表现了什么

一般来说，喝酒后做出异常举动的人，多少显得有点神经质。俗话说："酒壮英雄胆。"他们在清醒的时候，显得谨小慎微、文质彬彬、谈吐不凡；他们在日常生活和工作中，大多数对长辈或上司的命令言听计从，认真踏实地工作。但是却苦闷得不到上司或老板的赏识，甚至被小人踩在脚下，所以内心压抑的不满情绪异常强烈，于是通过喝酒把不满情绪正常地发泄出来，而通常他们在喝酒之后与清醒时相比，简直判若两人。他们在酒后喋喋不休地数落上司的缺点，犀利批评自己的同事，其实他们所说的话并不是酒后的胡言乱语，而是自己真实的感受。

具体来说，人们在酒后做出的异常举动有下面几种情况，我们可以通过他们的举止来判断其性情。

1.喝酒时喜欢喊"干杯"的人

有的人在喝酒时不断喊"干杯"，企图激起大家的某种兴致。这类人性格比较冷淡，性情冷漠，攻于心计，平时十分在意自己的外表。平时他们习惯于发号施令，给人的感觉好像很懂事，其实个性比较倔，但看起来和蔼可亲，易于亲近。

第 2 章 吃相醉态：饭桌上的细节更能展现他人真实的一面

行为线索

很多人在喝酒之后都会有一些比较反常的举动，有的人喝了酒总是喜欢喋喋不休，"痴痴"傻笑；有的人喝酒之后，会猛敲猛打，做出比较大的动作；有的人喝了酒会突然哭泣；有的人喝了酒喜欢唱歌；还有的人喝了酒就开始呼呼大睡。而我们可以通过他们喝酒之后的那些反常的举动，来透析其真实的性情和性格特征。

2.喝酒之后动作很大的人

有的人在喝酒之后，就开始四处敲打，到处活动，动作很大。这类人性格刚强，具有强烈的反抗心，内心有强烈的欲望得不到满足因而产生一种自卑感。他们一般不喜欢受制于人，如果有人强烈要求其配合行动，他们内心就会有种被挫伤的感觉，进而会借酒来发泄心中的不满情绪，比如摔杯子、摔椅子等。他们经常会做出让身边人吃惊的事，如果你身边有这样的朋友，就需特别注意。

3.喝了酒喜欢说话的人

有的人喝了酒老是喋喋不休，这类人性格内向，平时不多言不多语，待人接物也非常有礼貌，他们做事非常认真，比较有耐性，重视秩序，对于长辈恭恭敬敬，对于异性也是很认真的，绝不会轻易开玩笑。总而言之，是比较正经的人。因此，现实生活带给他们的压力非常大，于是他们常常依靠喝酒来减缓这样的精神压力，并且一旦喝了酒就开始喋喋不休，不时说出真情话，还会莫名其妙地"痴痴"傻笑。虽然说他们喝酒之后做出了比较异常的举动，但是如果他们不借酒来缓解压力的话，日积月累的压力就会随之将他们击垮。因此，当知道喝了酒就有喋喋不休的毛病时，就应该尽可能地减少自己的工作量，可以适当留一点时间来放松自己，去做一些自己喜欢的事情，平时也要学会放松自己，使自己保持愉快的心情。

4.喝了酒喜欢跟你吵架的人

有的人喝了酒喜欢跟人吵架，这种人性格比较外向，豁达直爽，嫉恶如仇，重情重义。在日常生活中，他们见到不平事喜欢出来帮忙，喜欢结识各种各样的朋友，可以说是个热血汉子型的人物。

5.喝了酒喜欢唱歌的人

有的人喝了酒喜欢唱歌，这种人性格开朗活泼，个性随和，全身上下时刻洋溢着一种活力，喜欢冒险。他们在平时的表现既显得很孩子气，却又喜欢照顾别人，他们还喜欢把工作和私生活分得很清楚。因此，他们在困难和挫折面前不会有畏惧之心，在事业上很有成就。

6.醉了喜欢哭的人

有的人喝了酒就会涌动出一种情绪，醉了就会哭泣。这种人一般性格比较内向，极富感性，在人际交往中显得比较生疏，经常会压抑自己的情绪，并且过分压抑自己强烈的感情，具有强烈的自我。他们表现出来的自己既是个热情的人也是个浪漫主义者。

7.喝了酒喜欢睡觉的人

还有的人喝了酒就开始呼呼大睡，这种人性格比较内向，意志力比较薄弱，这使得他们在做任何决定时都会优柔寡断，不善于交际。无论是说话还是做事都喜欢请教别人，依赖别人，自己常常拿不定主意。

为什么有些人常备零食

在日常生活中，我们发现有的人没有零食就受不了。尤其是一些女性，似乎零食成为了她们仅次于主食的物质粮食。相信绝大多数女性都有喜欢买零食、吃零食的嗜好，她们经常会在超市买大包小包的零食，放在自己的身边，便于自己随时拿来吃。她们家里的每个角落似乎都能找到零食，零食成为她们生活的一部分。其实，像这类离不开零食的人，她们的内心其实是很害怕孤单的。

如果你也是一位爱吃零食的人，那么你一定有过这样的经历：当你一个人在家无所事事的时候，就会觉得浑身不自在，到处寻找一点零食。如果家里没有储备的零食，你甚至可以为了购买零食跑一大段的路。当你拿着心爱的零食，嘴里一边嚼着，眼睛一边看着电视节目，你会认为那就是最惬意的事情。其实，这就是因为你害怕一个人独处的孤单，所以才让零食带给你某种补偿的慰藉。满足口欲可以消减自己的某种孤单感，会让你认为一个人有东西吃也是一件还不错的事情。她们通过吃零食来获得一种心理上的平衡，久而久之，这就成为了一种习惯，所以一旦她们身边没有了零食，她们就会很受不了。

第 2 章　吃相醉态：饭桌上的细节更能展现他人真实的一面

行为线索

独自一个人在外地生活。当心里感觉孤寂时，她找不到别的排遣孤独感的方式，只有零食才能安抚自己。所以，当很多人在失意、孤单时，便会有吃零食的冲动，有严重的甚至会出现暴饮暴食的情况。

我们常看到有的女孩子一边谈话一边不停地吃零食，她们虽然外表看起来是个成熟的大人，但心理状态仍停留在爱撒娇、未成熟的小孩子阶段。所以，像这类爱吃零食的人，除了零食吃得很多外，也很爱说话，因为说话也可以满足她们的口欲。

一个人口欲的满足是最基本的一种欲望，当她们感到孤单无助，而又苦于找不到其他的消遣方式时，就会激发她们最原始的一种欲望，那就是吃东西。而在这种情况下，吃其他的食物远不及吃零食来得有趣，于是零食就成为她们排遣寂寞、消除孤单的方式。并由此形成一种固定的习惯，一旦自己处于一个人的时候，就会情不自禁地想到零食。所以，她们的生活已经离不开零食了，如果离开了零食，她们就会一下子陷入寂寞、孤单之中。所以，对于她们来说，没有零食就会受不了。

  其实，那些嗜好零食的人，或者是贪吃贪喝的人，都很怕孤单，只要我们抱着一颗同理心，就可以与她们建立友谊。

第3章

见微知著：这些小细节能彰显他人内心

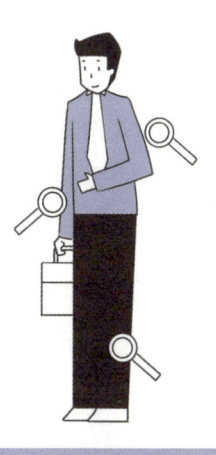

每个人都有自己独特的生活习惯，它能够反映一个人的内心世界和性格特点。因此，我们完全可以通过人们的生活习惯来读懂我们身边的每一个人。我们可以通过看电视的习惯来读懂对方，可以从逛街的方式去认识对方，可以从随意涂鸦中去了解对方，可以从物品的收纳方式中看清对方，可以由睡觉习惯观察对方的心理，还可以从电话本和通讯录的使用情况看人。

你观察对方是怎么看电视的了吗

生活中的每一个人，他们在看电视时所表现出来的习惯也不同。有的人在看电视的时候聚精会神；有的人在看电视的时候忙于干其他事情，只是偶尔才不经意地瞄一眼电视节目；有的人在看电视的时候，看着看着就睡着了，看电视似乎成了他们的催眠剂；还有的人在看电视的时候，一遇到自己不喜欢看的节目就立即换台。其实，这些常见的看电视的习惯都有可能发生在你我的身上，这些习惯可以透露出一些我们的性格特点。

下面我们就根据这几种常见的看电视的习惯来见微知著，读懂他人的心。

1.专心致志型

有的人在看电视的时候，总是能够保持精神的高度集中，专心致志看电视，不会干其他的事情。一般来说，这样的人办事比较认真，就像看电视一样，他们做任何一件事情都能够全身心地投入。

另外，他们的情感比较细腻，有丰富的想象力，很容易与他人产生共鸣。

第 3 章 见微知著：这些小细节能彰显他人内心

> **行为线索**
>
> 我们只要认真仔细地观察他人在生活中的各个细节，就可以通过那些细节了解一个人的性格。在绝大多数情况下，我们都会有一些收获。看电视在我们的生活当中，几乎是一项不可缺少的重要内容，你却不一定知道，通过观察他人看电视时的习惯，我们可以了解一个人的性格特点。

2.忙里偷闲型

有的人看电视的习惯，与专心致志型相反。他们一边看电视一边做其他的一件或几件事情，比如边看电视边看报纸、打毛衣或是吃东西。虽然他们也在忙里偷闲地看一下电视节目，但他们的注意力并没有完全放在电视节目上。这样的人一般具有很好的心理弹性,能够较容易地适应各种各样的环境。在条件允许,甚至是不允许的情况下,他们都很愿意尝试新鲜的事物,向自己、向外界发起挑战。

3.经常调台型

有的人看电视的时候,经常换台,每当遇到自己不喜欢的节目就立即调台,常常使得身边的人不能认真地看电视。这样的人耐心和忍受力都不是特别强,他们的独立性很强,不属于那种人云亦云的人,也不是那种一哄而起、一哄而散的人。他们在生活中还很懂得节约,不会浪费时间、金钱、财力、物力等。

4.睡觉型

有的人在看电视的时候看着看着就睡着了,经常是躺在沙发上就睡着了,而电视还开着。除去是因为工作太劳累,人非常疲劳的情况外,这种类型的人的性格大都是随和而又乐观的。他们往往也能够笑着坦然面对在生活和工作中遇到的挫折和困难,并积极地寻找各种方法,力争到最后轻松地解决。

逛街方式能彰显他人的个性心理

我们生活在一个互动的时代里,告别了那种自给自足的自然经济,生活中有很多必需品都是要从外界获得的,而最直接、简单而且普遍的获取方式就是通过逛街去商店或商场购买。很多人都喜欢逛街,尤其是女性朋友,她们甚至把逛街当作一种爱好。看着街上琳琅满目的商品,让人眼花缭乱的漂亮服饰,她们的眼睛就开始亮起来了。其实,逛街也是一种生活习惯,我们也可以透过逛街读懂身边的人。

其实,这些看似很常见的逛街方式,却可以折射出一个人的真实性情及性格特征。下面我们简单地介绍一下。

1.以逛街作为一种兴趣爱好

很多女性把逛街当作一种兴趣爱好,当她们感到工作压力很大,心情烦闷时,就会不由自主地想去逛逛街。所以,她们逛街的目的并不是为了购买东西,而是喜欢那种逛街的过程带来的轻松心情。

从心理学的角度讲,女性购物是为了享受过程,而男性购物则是为了享受结果。所以,最让男性受不了的不是漫长的逛街,而是女性总是流连于各种商品却不买的那种心理。

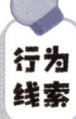

行为线索 有的人喜欢逛街，是仅仅把逛街当作一种放松的方式，他可以一个人在街上晃悠大半天却什么都不买；有的人逛街目的性很明确，想购买什么东西就直奔商场，挑中喜欢的就立马付款；还有的人喜欢和家人逛街，他们更愿意享受的是那种温馨的氛围。

男性的购买习惯，就是直奔自己所需要的商品那里，选择合适的东西，就立马走人，绝不多逗留片刻，在他们看来，在那种嘈杂的地方待上一段时间是一种痛苦的折磨。而女性的购买心理，则是东看看西看看，到处挑选，问了价钱却不愿意掏钱购买。

这种逛而不买的心理，在心理学上叫"知晓心理"。也就是说，女性获得满足感并非要通过购物的结果来实现，它还可以通过购买过程来享受乐趣，了解一些商品的价格也能给她们带来满足感。另外，商场那种疯狂购物的氛围，也是深受女性朋友喜欢的。

2.喜欢逛那些经常打折的商场

有的人喜欢经常逛那些打折商场，希望能在其中购买一些自己中意的商品。这样的人大多比较现实，很懂得过日子，会精打细算把钱省下来做其他的事情，但是有时候却因为眼光不够，经常买一些不实用的东西。他们个性比较固执，不会轻易接受来自他人的观点。遇到任何事情，他们都固执地坚持自己的看法，不希望听从他人的意见，即便有一些共同的协商，但到最后他们还是会摒弃他人的想法，把自己的想法坚持到底。

3.逛街目的性很强

人们逛街的目的，通常就是为了购买一些所需要的物品。这些人逛街目的性就很强。他们在逛街之前，会清楚自己所需要的东西，甚至列出清单，到了商场，按着清单购买东西。这样的人有着较强的组织能力，做什么事情都很讲原则，并且在做事情之前，也会有周详的计划，否则他们就会失去安全感。所以，他们的随机应变能力也比较差，在面对突发状况的时候，常常不知所措。这一类人记性比较差，需要不断地有人提醒他们在什么时间去做什么事情。

4.喜欢与家人一起逛街

有的人喜欢邀请全家人一同出去逛街,这一类型的人大多比较传统,深深眷恋着家的温暖。温馨的家庭在他们心中占据着重要的位置,这使得他们有一种强烈的责任感。他们做任何事情,都会取得家庭的同意,都是以家庭为出发点,他们整天的生活都是在围绕着家庭转。虽然,这在旁人看来显得比较乏味,但是他们却感到很满足。他们在与家人一起逛街的时候,也较多地关注那些经济又实惠的东西,而不会选择购买华而不实的商品。

涂鸦方式背后的心理意义你知道吗

在我们的生活中,或许我们每个人都有这样的经历:在工作无聊时或休息之余,在一张纸或是其他的什么东西上随便地涂涂写写,随意涂鸦。有心理学家指出,这种无意识的随意涂鸦,往往能显示出一个人的性格来。因为人内心的真实感觉,正是通过涂写这个过程显露出来的。

1.喜欢涂画杂乱的点、线、圈

有的人喜欢画折线,有的人喜欢画平行线,还有的人喜欢画有趣的线条或圆圈。下面我们详细加以区分。

(1)喜欢画杂乱平行线的人

他们内心总是充满了愤怒和沮丧的情绪,那紊乱的线条就是其心境写照。

(2)喜欢画折线的人

他们一般拥有较强的分析能力,而且思维灵敏,反应比较快。如果画单折线则代表他们内心有不安情绪。

(3)喜欢画混乱线条的人

他们拥有较强的恒心和毅力,做什么事情都有一股不达目的誓不罢休的劲头,所以他们能够取得一些成功。

行为线索

不同的人随意涂鸦的内容也不一样。有的人喜欢画一些几何图形，有的人喜欢画一些简单的点、线、圈或者曲线，有的人只是喜欢写字，还有的人会画一些人物的五官或者是人物肖像。我们可以根据人们随意涂鸦的内容，观察出其性格特点。

（4）喜欢画曲线的人

他们个性很随和，适应能力很强，任何环境都能够很快地适应。另外，他们总是抱着乐观向上的心态，善于自我安慰，即使遇到困难也会朝好的方面想。

如果喜欢涂画的曲线一条包含着另一条，则表示他们对周围人是相当敏感的。在生活和工作遭遇挫折和磨难的时候，他们大都能够保持相对的冷静，并积极寻找解决的办法，而不是不假思索，冲动地解决。另外，这一类型的人时常会沉浸在某种幻想当中，有一点不切合实际。

2.喜欢画几何图形的人

有的人喜欢涂画一些几何图形，比如三角形、圆形、对称图形，下面我们详细地分析一下。

（1）喜欢画对称图形的人

他们做事都会比较小心谨慎，而且遵循一定的计划和规则。

（2）喜欢画三角形的人

他们都拥有较强的理解能力和逻辑思维能力。他们有很好的判断力和决断力，在绝大多数时候能够保持头脑清醒，思路清晰，但缺乏耐性，容易急躁、发脾气。

（3）喜欢画圆形的人

他们习惯于对什么事情都有一定的规划和设计，喜欢按照事先的准备行事。他们一般都具有很强的创造力和很丰富的想象力。

（4）喜欢画不规则图形的人

他们心胸比较开阔，心态也比较平和，对环境有很强的适应能力，但某些时候显得有点玩世不恭。

（5）喜欢画连续性图案的人

他们在大多数情况下对生活充满了信心，拥有很强的适应能力，无论什么样的环境都能很快地融入其中。他们通常能够将心比心，站在别人的立场上为别人着想。但他们比较安于现状，缺乏进取心。

（6）习惯于画四方形、三角形、五边形等几何图形的人

他们通常都是很善于思考的，并具有十分严密的逻辑性；他们具有相当强的组织能力，但有时也会让人产生错觉，认为他们太过执著于自己的信念；但有时候，他们简直无法容忍那些想改变自己或否定自己意见、看法的人；他们在面对各种事物时大都能够做到胸有成竹，知道自己该做些什么，怎样做，但他们在为人处世等方面多少有一些保守。

（7）喜欢涂画正方体、球体等几何图形的人

他们大都比较深沉和稳重，比较现实和实际，沟通能力较强，在大多数时候能够做到收放自如；他们善于将比较抽象的事物变成具体化、通俗易懂的内容；在面对不同的情况时，他们能够及时地调整自己。

3.喜欢画人物肖像

有的人喜欢涂画人物肖像，有的只是喜欢涂画人物五官的一部分，下面我们来加以详细分析。

（1）喜欢画人像的人

他们一般擅长交际，因此朋友很多，但由于性格上的问题，这使得他们的敌人也不少。

（2）喜欢画眼睛的人

他们的性格中多疑的成分占了很大的比例，另外，这一类型的人有比较浓厚的怀旧心理。

（3）喜欢画不同面孔的人

他们多是借涂画的过程发泄自己内心的某种情绪。比如，喜欢画笑脸的人一般是知足常乐者；喜欢画皱着眉头的人则恰恰相反，他们可能是永远也不会感到满足；喜欢画苦瓜脸或是扭曲变形的脸的人，内心是非常痛苦和混乱不堪的；喜欢画一双大眼睛的人，他们的生活态度非常乐观；喜欢画一脸茫然的人，用一个平凡的点代表眼睛，或是一条直线代表嘴巴，表明他们的心里有某种疏离感。

4.喜欢写字的人

有的人在无聊之余，就会不自觉地在白纸上写下几句话，或者代表心情的字句，或者不断地写着自己的名字。

（1）喜欢写字句的人

他们大多是知识分子，拥有较为丰富的想象力，但常生活在想象当中，有点不切合实际。

（2）喜欢不断地写自己名字的人

这一类型的人有相当强烈的自我表现欲，可能还会为此做出一些让人无法接受的事情来。他们不断地重复写自己的名字，是一种潜意识的不断的自我肯定，目的是克服目前困扰自己的某种情绪。但是，很多时候他们会感到迷茫和无助。

从如何收纳物品看他的做事风格

我们每天的生活离不开各种各样的物品，从小的方面说，有可能只是个牙刷，从大的方面说，有可能是属于自己的一间屋子。而通常情况下，每个人收纳物品的方式都是不一样的。有的人总是喜欢把一件一件的物品收拾得整整齐齐，有条不紊；而有的人就喜欢做表面功夫，整体上看比较规矩，但有些隐藏的地方就会发现杂乱的物品；还有的人根本不喜欢收纳物品，他们习惯于乱放乱拿，于是常常会翻箱倒柜寻找另一只袜子。

1.喜欢把每一件物品都收纳得整整齐齐

不管是家里的桌面上，还是抽屉里，都是整整齐齐的，各种物品都放在该放的位置上，让人看起来有一种相当舒服的感觉，这表明屋子的主人办事是极有效率的，他们的生活也很有规律，该做什么事情，总会事先拟订一个计划，这样不至于有措手不及的难堪。他们很懂得珍惜时间，不喜欢做浪费时间的事情，他们总是能够精打细算地用不同的时间来做更有意义的事情。他们一般都有很高的理想和追求，并且一直在为此而努力。但是他们习惯了依照计划做事，所以，一些出乎意料发生的事情，常常会令他们感到不知所措。

行为线索

我们每个人都有一间属于自己的房间，在这一间屋子里，如果你足够仔细的话，也可以发现很多的秘密。这些秘密是什么呢？这就是通过房间里所呈现出来的种种表象，观察一个人到底是什么样的性格。

2.喜欢收纳一些有纪念意义的物品

习惯于在家里放一些具有纪念意义的物品的人，这类人一般性格比较内向。他们不太善于交际，所以朋友不多，但仅有的几个却是非常要好的。他们很看重和这些朋友的感情，所以会格外珍惜。他们大多都有一些怀旧情绪，总是希望珍藏一些美好的回忆。但他们比较脆弱，容易受到伤害，而且做事也缺少足够的恒心和毅力，常常会在挫折和困难面前不战而退。

3.物品摆放乱七八糟

有的人不擅长收纳物品，于是家里的物品全部是乱七八糟的，他们待人大都相当亲切和热情，性格也很随和，做事通常只凭自己的喜好和一时的冲动，三分钟热情过后，可能就会自然而然地选择放弃。他们大多缺少深谋远虑的智慧，不会把事情考虑得太周密，也没有什么长远的计划，但是他们拥有比一般人较强的适应能力。他们虽然拥有积极乐观的生活态度，但太过于随便，不拘小节，经常是马马虎虎，得过且过。

4.按顺序和规则收纳物品

无论是客厅还是卧室，所有的物品都按照一定的次序和规则放好，整齐而又干净。这一类型的人工作很有条理性，有很强的组织能力，所以办事效率比较高。他们具有较强的责任心，凡事都小心谨慎，避免失误的发生，态度相当认真。这样的人虽然可以把自己的本职工作做得很好，但是有一点墨守成规，缺乏冒险精神，所以不会有什么开拓和创新。

5.表面整齐，角落却很杂乱

家里看上去收拾得很干净、很整洁，但桌子的抽屉内却是乱七八糟。这样的人虽然有足够的智慧，但往往不能脚踏实地地做事，他们喜欢耍一些小聪明，做表面文章。表面上看来，他们有比较不错的人际关系，但实际上，却没有几个人是可以真正交心的，他们也是很孤独的一群人。他们性格大多比较散漫、懒惰，为人处世方面不是十分可靠。

6.物品摆放很随意

家里各种物品总是这里放一些、那里也放一些，没有一点规则。这样的人大多做起事来虎头蛇尾，总是理不出个头绪来。他们的注意力常常被一些其他的事情分散，从而无法集中在工作或学习上，因此也很难做出优异的成绩。他们也想改变自己目前的这种状况，但是自我约束能力很差，总是向自我妥协，事后又追悔莫及，可紧接着又会找各种理由来安慰自己。

7.屋里像垃圾堆

有的人的屋子看起来更像是垃圾堆，如果需要找一样东西，往往要把所有的东西全部翻个遍，到最后可能还是找不到。这样的人工作能力差，效率也极低，他们的逻辑思辨能力非常糟糕，也多缺乏足够的责任心。

从睡觉习惯中观察到他的性格特征

观察和了解一个人的性格有很多种方法，但如果要找到其中最好的几种，睡觉习惯是其一。睡觉习惯是一种直接由潜意识表现出来的身体语言。一个人无论是假装睡觉还是真正的熟睡，其睡觉习惯都会显示出他在清醒时表露在外和隐藏在内的某种性格特征。

而对于自己而言，我们在很多时候并不知道自己在睡觉时有什么特别的习惯，那么不妨问一问身边亲近的人，然后根据实际的性格对比一下。下面我们就介绍几种常见的睡觉习惯，以便你可以通过睡觉习惯对别人有个大致的观察和了解。

1.有的人喜欢趴在床上睡觉

有的人喜欢趴在床上睡觉，他们相信自己，有较强的自信心，以及卓越的能力。他们对自己有非常清楚的认识，并且都能很好地把握住自己。他们有较强的随机应变能力，即便是到了一个全新的环境，他们也能够很快地调整好自己。他们一旦确立了追求的目标，就会一直坚持下去，并且对自己充满信心。另外，他们比较善于把自己的真实情感隐藏起来，并且不会让他人有所察觉。

第 3 章 见微知著：这些小细节能彰显他人内心

行为线索

每个人都有不同的睡觉习惯，有的人喜欢像婴儿一样睡觉，有的人喜欢俯卧着睡觉，有的人喜欢睡在床边上。我们可以依据不同的睡觉习惯，判断出对方隐藏在心里的想法。

2.有的人蜷缩着睡觉

有的人在睡觉时成一种蜷缩的姿势，像个婴儿一样，这一类型的人缺乏安全感，性格比较懦弱，禁不起任何的打击。他们逻辑思辨能力较差，做事情从来不按照先后顺序，也不会事先做好规划工作，常常是这件事情已经发生了，才意识到自己没有做好准备工作。他们缺乏自我独立的意识，总是习惯于依赖那些对于自己来说比较熟悉的人物或者环境，而对那些陌生的环境或人物则会有一种畏惧心理。他们缺乏责任心，在遇到困难和挫折的时候，常常会选择退缩。

3.有的人喜欢呈"大"字形睡觉

有的人喜欢呈"大"字形睡觉，这一类型的人做事比较武断，虽然他们有着一定的能力，但通常情况下都不会向他人妥协，态度既固执又十分强硬，经常是自己想怎么样就怎么样，不希望听到他人的相反意见。他们有一种想掌控局面的强烈欲望，一旦他们掌控了某种权力就不会轻易放弃。他们喜欢领导别人，喜欢别人在自己的监督下完成所有的事情。

4.有的人喜欢睡在床边

有很多人喜欢睡在床边，这样的人比较缺乏安全感，做任何事情都比较理性，善于控制自己的情绪，能够尽可能地克制住自己的不良情绪。很多事情发生了，他们宁愿相信这是自己一厢情愿的想法，可能事情并不是这个样子。他们有较强的忍耐能力，并有一定的忍耐极限，当没有达到这个极限时，他们是不会轻易表现出愤怒情绪的。

5.有的人睡觉时喜欢把脚放在外面

有的人喜欢在睡觉时把脚放在外面，这样的睡姿其实相当容易让人感到累。这样的人工作比较繁忙，即便是在睡觉时也会自然地感到劳累，他们在生活中并没有多少休息的时间，过着快节奏的生活。他们个性很开朗、乐观，精力充沛，在很多时候，都能依靠自己做出一番事业来。他们性格相当活泼，为人也较热情和亲切。

6.有的人喜欢仰睡

有的人喜欢仰睡，这样的人个性都十分开朗、大方，他们在平时生活中对人十分热情亲切，而且极富同情心。因此，他们在人际交往中能够看透对方的心理，了解对方最想要什么。他们一般都拥有较强的责任心，遇到任何事情都不会逃避责任，而是勇敢地去面对，主动承担属于自己的责任。他们比较成熟，对生活中的人和事都能够分辨出轻重缓急，并且知道需要怎么做才能达到最佳的效果。他们身上有很多优秀的品质，常常能够赢得周围人的尊重，而通常他们对很多事情都能够做到位，因此很容易得到他人的信赖，从而建立起不错的人际关系。

7.有的人喜欢以呆板的姿势睡觉

有的人喜欢以一种呆板的姿势睡觉，比如双手摆在两旁，两脚伸直着睡。这一类型的人生活节奏相当快，生活也很有规律性，这使得他们的精神一直处于一个高度紧张的状态中，即便是睡觉也不会放松下来。他们每天需要做些什么事情，哪个时间段做什么事情都已经固定下来了，这让他们的身体也形成了一种固定的姿势。

8.有的人喜欢以戒备的姿势睡觉

这一类型的人通常具有较强的戒备心理，并且这样的一种心理状态随时跟随着他们，即便是在睡觉时也会有所警觉。他们自主意识比较强，不会随便听从别人的吩咐和摆布，对于别人要求去做的一些事情，只要是自己不愿意去做的他们就会表现得十分不乐意。更不会在别人的压力下去做，他们的个性显得十分固执，如果有人强行要求他们，他们就会采取一些必要的措施。

9.有的人喜欢抱着双臂睡觉

有的人喜欢在睡觉时环抱着双臂，甚至握着拳头，仿佛随时准备给人一击。这一类型的人如果是仰躺着或是侧着睡觉，拳头向外就是向他人示威。如果把拳头放在枕头或是身体下面，表示他正在控制这种消极情绪。

第4章

兴趣偏好：喜欢的和擅长的能帮助我们了解对方心理状况

一个人的兴趣和爱好，最容易显露出其内心世界。我们可以通过分析对方喜欢的游戏类型来获知对方的个性，可以从他喜欢的休闲方式上判断对方的性格特点。读懂一个人最好的方式就是从他的兴趣爱好入手，这样不仅能近距离看清他的庐山真面目，而且容易找到有针对性解决问题的办法。

喜欢什么游戏，就是什么个性

生活中有不少人喜欢玩各种各样的游戏，比如说一些网络游戏，还有不少的益智游戏。一般来说，人们玩游戏，最主要的原因是使自己有一个放松的机会，另外比较重要的原因就是经常接触一些锻炼思维能力的游戏，会使一个人慢慢地变得更聪明和智慧。

因此，游戏也逐渐融入人们的生活领域里，很多人在工作劳累之余，或是休息时，就会不由自主地想玩一些自己喜欢的游戏。

下面我们就介绍几种人们常玩的游戏。

1.有的人喜欢玩网络游戏

现在有不少年轻人嗜好网络游戏，这类人一般自控能力比较差，常常生活在自己的幻想世界里，思想和行为可能会有点不切合实际。如果突然从网游世界中出来，他们就会有种现实的挫败感。

生活带来的苦闷情绪使得他们愿意沉迷于自己的世界中，甚至花费大量的精力、财力去为自己组建一个虚幻的网络世界，因而常常耽误了学习和工作。

第 4 章 兴趣偏好：喜欢的和擅长的能帮助我们了解对方心理状况

> **行为线索**
>
> 每个人所喜欢的游戏不同，这体现了他们不同的性格特征。有的人喜欢玩拼图游戏，有的人喜欢玩魔方，有的人喜欢玩几何图形游戏，有的人喜欢玩智力测试。总而言之，我们不能只是看到游戏的娱乐性质，而是要善于透过游戏去读懂他人。

2.有的人喜欢拼图游戏

有的人喜欢玩拼图游戏，这一类型的人有较强的忍耐力，对自己充满信心，即便是在生活中遇到了困难和挫折，他们也不会轻易地被打倒，而是能够保持继续坚持的奋斗精神，或者从头再来。他们在生活中经常会被很多意料之外的事情所干扰，他们可以付出很大的精力和很长的时间来进行处理，即便是最后失败了，他们也能保持乐观、积极向上的心态，并且希望能够顺利解决一切问题，自己再重新开始。

3.有的人喜欢玩魔方游戏

有很多人钟情于玩魔方，这类游戏往往需要极富智慧的头脑。因此，这一类型的人一般都拥有较强的自主意识，他们不希望得到别人已经做好的东西，而自己不需要付出什么，他们更愿意自己花费大量的时间和精力，甘愿为此付出很大的代价，自己去追求那些感兴趣的事情，而不喜欢把别人的成果据为己有。他们心思灵巧，思维相当敏捷，喜欢自己亲自动手去做很多事情。除此之外，他们还有很好的耐性，即便是同一件事，别人已经表现出不耐烦的情绪了，他们还能够坚持到底。

4.有的人喜欢玩字母游戏

有的人喜欢玩字母游戏，他们具有异常灵敏的思维反应能力，即使面对不同的人和环境，他们也能尽快地调整自己，在最短的时间内适应新的人际关系和环境。而且，他们善于观察他人，能够洞察对方心理，迅速又非常准确地洞察一个人的内心世界。

5.有的人喜欢图形游戏

有的人喜欢玩几何图形游戏，这一类型的人大多比较聪明和智慧，他们不会人云亦云，随波逐流，在很多时候，他们会有自己独到的见解。他们不喜欢做没有把握的事情，他们在做任何一件事情的时候，都需要周密的计划、详细的策划，当心中有了大概的轮廓之后，他们才会开始行动。这样周密的计划使得他们即便是面对临时的变故，也能很快找到应对的策略。他们为人深沉而内敛，有着比较成熟的思想，任何时候都显得胸有成竹。

6.有的人喜欢智力游戏

有的人喜欢在书本上、网络上玩一些智力测试，只要看到测试之类的游戏，他们就会停不下来。这类人的生活一般没有什么规律性，他们常常会将大量的时间、精力甚至财力浪费在毫无意义的事情之上。因此，这样的做法使得他们看不到事情的轻重缓急，往往因为无关紧要的事情而耽误了极为重要的事情，所以他们在工作上效率极低。但是，即便是耽误了很多重要的事情，他们也不会因此感到懊恼或者后悔；相反，他们还到处寻找各种理由来安慰自己。

7.有的人喜欢在游戏中寻找差别

不知道从什么时候开始流行在一些图片中寻找错误的游戏，这类游戏一面市，就受到很多人的喜欢，尤其是女性。这一类型的人在现实生活中其实过得并不轻松，他们的生活常常被一些事情困扰着。他们性格大多比较忧郁，即便是现在过着很好的生活，但天性忧郁的他们还是会把生活朝着不好的方面想。而且，他们的心胸较狭隘，总是看到别人的缺点，却很少注意到他人的优点。

8.有的人喜欢玩数字游戏

喜欢玩数字游戏,这一类型的人拥有比较强的逻辑思维能力,他们的生活都极有规律性,有条不紊,有时候甚至显得比较呆板。他们在平时的人际关系中,比较直接,不够圆滑也不够世故,结果,既容易伤到别人,也会给自己带来伤害。

9.有的人喜欢玩神秘游戏

有的人喜欢玩神秘类游戏,这类人平时疑心病比较重。他们在人际交往中,喜欢无端地猜测他人,并毫无根据地指控对方的行为,但是却常常苦于找不到充分的证据来进行说明。他们对生活中的某些细节及一些细微的差别总是表现得很敏感,有时候他们还会忍不住对自己产生怀疑。

第 4 章　兴趣偏好：喜欢的和擅长的能帮助我们了解对方心理状况

闲暇时间的爱好，体现出一个人的个性

现在社会的日益进步，使得竞争充斥着生活的每一个角落，给人们带来了沉重的生存压力和生活压力。那沉重的压力像一座大山一样压在人们的身上，使人很容易感到疲劳、心烦意乱，严重的还可能导致心理疾病。于是，人们越来越意识到休闲娱乐的重要性了，也开始致力于寻找一些可以使自己的心情得到放松的休闲方式。

我们完全可以通过对方不同的放松方式，透析对方的心理。下面我们就以几种常见的休闲方式，来读懂他人的心思及性格特征。

1.运动的休闲方式

有的人喜欢通过运动的方式来使自己得到休闲放松，比如跑步、打篮球、打排球，他们喜欢那种运动之后全身酣畅淋漓的快感，并由此获得一种心理上的平静。一般来说，喜欢用运动的休闲方式来使自己放松的人，他们性格比较内向，缺少朋友，也不会轻易向他人，特别是比较熟悉的人倾诉自己的心事。但在特定的环境下，他们会考虑向陌生人倾诉他们内心的秘密。

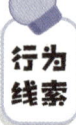

> **行为线索**
>
> 其实，那些生存压力和生活压力的存在，是个人能力无法改变的。但是，为了保持自己身体和心理的健康，更好地加入竞争之列，人们可以进行自我调节，找到一种休闲放松的方式。而人们用什么样的方法放松要根据自己的实际情况和需要来决定，不同的人有不同的放松方式，比如心态心理疗法、运动的方式、自然疗法、睡觉方式、行为疗法等。

他们大多是行动的主人，虽然很少表达出来，但是他们会通过实际行动表现出来，通常情况下，他们做的比说的多。他们拥有坚强的意志，在挫折和困难面前，虽然有时也会表现得失望和颓废，但这只是暂时的，当熬过了一段时间，他们还能

够勇敢地站起来，去面对一切。

2.睡觉的休闲方式

当面对生活中的烦恼和工作上的压力的时候，有的人干脆关了手机，窝在家里睡一天，使自己得到放松。一般情况下，采用睡觉方式放松自己的人，他们大都很聪明而且比较实际。无论在什么时候，他们都很清楚地知道自己的目标，并且会努力寻找一种最简单最快捷的方法去实现它。他们并不十分看重一些原则和理论上的东西，而是着眼于非常具体的、看得见摸得着的实例。他们在做一件事情时显得有点固执，不会轻易地接受他人的意见和建议，但如果请一位极具权威性的人物来说服他们，可能会起到一定的作用。

3.自然的休闲方式

有的人在面对社会带来的各种各样的压力的时候，会回避现实生活，更愿意在自然世界中放松自己，比如去海边漫步、去森林走走、去河边玩水，使自己能够与自然融为一体。喜欢采用自然的休闲方式来放松自己的人，他们一般能得到周围很多人的喜欢。在工作之外，他们待人真诚、朴实，说话也很直接，有什么说什么，不会遮遮掩掩，凭着自己的感觉走。但当他们回到工作中来，由于十分厌恶工作，所以很难以单纯、自然、放松的心情投入到工作中去。如果在工作中，他们没有什么可做的事情，就会突然间感到特别烦躁。

4.锻炼形体的休闲方式

现在锻炼形体的休闲方式越来越受到人们的欢迎，比如一直受女性关注的瑜伽，它可以使人们在放松的同时，还能够塑造自己的形体美。一般来说，采用锻炼形体的休闲方式来放松自己的人，他们大多是完美主义者，他们做任何事情都会尽力追求完美，形成一个整体形象，否则的话，心里就会感到不安。他们自身的形象，如果是从整体来看，也是不错的，但却不能如他们自己预料的那样被他人所注意。

5.行为的休闲方式

有的人在遭遇压力的时候，喜欢运用行为的休闲方式，比如约朋友去KTV唱歌，或是去逛街疯狂购物。他们企图通过压力之外的某些行为去减缓压力给他们带来的紧张感，使自己在某种比较"疯"的状态中把压力忘得一干二净。一般来说，采用行为的休闲方式来放松自己的人，大多数并没有自己的主张，他们很容易向他人妥协，听从他人的安排和调度，但他们一般不会表露出什么不快的情绪，而是乐于被他人领导。他们喜欢他人把一切都安排得好好的，而自己只要按着去做就可以了，不愿意自己去动脑筋思考。但通常情况下，他们对自己的要求比较严格，会尽力把安排下来的每一件事情都做好。

6.顺其自然地生活

有的人在面对压力的时候，不采取任何一种休闲方式来使自己放松，只是顺其自然，他们大多拥有较强的独立自主的观念,无论发生什么事情,在绝大多数时候,他们都是只寄希望于自己,并且也对自己充满了信心,从不企图依靠外界的力量来解决。他们很容易满足,喜欢过自给自足的生活,而且不希望现状被改变。他们并不相信任何人,特别是那些被绝大多数人敬若神明的,他们更是不屑一顾。

旅行的目的，彰显了对方的心理

现在，人们的生活水平日益提高，经济也显得比较宽裕。于是，旅游越来越成为一种时尚和潮流。旅游一方面可以缓解来自生活和工作上的压力，让自己身心获得放松；另一方面还可以使自己眼界开阔，增长见识。

除此之外，从旅游的目的中还可以了解一个人的内心世界。有的人旅游完全是为了放松心情，消遣时间；有的人旅游是为了结识一些朋友，或是期待一份美丽的邂逅；有的人旅游时怀着猎奇的心态，是为了寻找某种刺激感。我们可以通过人们不同的旅游目的，判断一个人的性格特征。

1.为了结交一些新朋友

有的人旅游纯粹是为了结交新的朋友，他们一般在旅游时喜欢随团旅游，这样会让他们有机会认识到新朋友。这一类型的人有较强的逻辑思维能力，他们做任何一件事情，都会把事情的所有部分规划好、计划好。他们喜欢脚踏实地，不喜欢幻想，比较现实，也从不期待会有"天上掉馅饼"这样的美事出现。他们比较善解人意，能够尊重和理解他人，也会大方地赞赏那些比较有才华的人。他们大多为人比较坦诚、豪爽，也比较大方。

第 4 章 兴趣偏好：喜欢的和擅长的能帮助我们了解对方心理状况

行为线索

人们在工作、学习之余，抽出一些时间，或独自一个人，或是与亲人朋友结伴，或是参加一些旅游团，到一些旅游景点去玩一玩，已经成为了大多数人的休闲方式，而大家也十分享受旅游所带来的种种乐趣。

小心路滑

073

2.为了探访亲戚朋友

有的人经常去全国各地旅游观光，也许，这从表面上看起来是去旅行，其实是为了到各地去探访亲戚朋友。这一类型的人，他们大多比较实事求是，待人比较真诚，不喜欢与那些虚伪做作的人打交道。一般情况下，他们把亲人和朋友看得很重，因为在与他们的相处过程中，自己能够得到充实和满足，所以他们乐于到处奔波，只是为了探访亲人和朋友。

3.为了放松心情

很多人选择旅游，完全是为了放松自己紧张、烦闷的心情。他们有的喜欢欣赏风景，有的喜欢在海滩散步，而选择不同的旅行方式也代表着他们不同的性格特征。

（1）喜欢欣赏风景的人

有的人愿意在大自然里欣赏风景。他们不喜欢被人控制，向往生活中能够有一些新鲜、刺激的东西，他们通常对自己那呆板、单调、一成不变的生活充满了厌倦。他们精力相当充沛，总是希望自己一个人去做一些事情，这样会使自己的生活更加丰富多彩。他们有着较强的责任心，敢于承担属于自己的责任。他们通常有着丰富的想象力和创造力，喜欢向一些新事物发起挑战，在这过程中，他们会遇到意外的惊喜，有时候也会遭遇一些灾难。

（2）喜欢在海滩漫步的人

有的人喜欢在海滩漫步，希望能面对宽阔的大海，双脚踏在柔软的沙滩上面。这一类型的人，他们不喜欢纷繁复杂的人际关系，也不热衷与他人打交道。但结交的朋友，往往是一生的知己。他们个性比较孤僻，向往过着在山林隐居的生活，有一种逃避现实的倾向。

4.为了追赶潮流

有的人旅游是为了追赶潮流，跟着大多数人去一个地方旅游。当出国旅游成为了一种时尚，不少的人都开始追赶着这股潮流。这一类型的人大多比较时尚，他们比较具有幽默感，时刻保持充沛的精力和热情，以一种相对积极、乐观又向上的态度来面对生活，不会轻易地被生活中的挫折和磨难压垮。

5.为了寻求一种刺激感

有的人旅游是为了寻求一种有别于生活带来的平淡的一种刺激感，或是想通过一次刺激的旅游来使自己的情绪得到发泄。他们有的喜欢旅行时在外露宿，有的热衷于登山、攀岩等这一类的激烈运动。

（1）喜欢旅行时在外露宿的人

有的人喜欢在旅行时选择在外露营，这一类型的人具有比较高的品德素养水准，会在生活中规范和约束自己的言行举止，使自己时刻显示出一种风度，得到身边的人的尊重。他们很注重客观实际，并且拥有相对独立的个性，具有一定的想象力和创造力，但他们并不热衷于幻想。

（2）热衷于登山的人

有的人热衷于登山，其实我们从中就可以判断出他是一个内向的人。内向型的登山爱好者，经常组队向岩壁挑战，以攀岩、征服人烟稀少、人力难及的险峻高峰为目标。对于大自然的险峻、壮观及美丽，他们又爱又恐惧，虽然敢于向它挑战，但是始终不会把它当成享乐的休闲对象，他们一向以诚挚的态度对待那些他们想要征服的高山大川。

约会时选择什么场所，体现了相应的心理

人们在约会的时候，都会精心选择一个展现浪漫、意境优美的约会场所。其实，不同的约会场所也反映出不同的心理。下面我们就列举几种常见的约会场所，来透析不同的人的心理特征。

1.喜欢在幽雅的餐厅约会的人

很多人请异性吃饭，其实只是为了制造单独在一起的机会。这一类型的人大多比较大胆，不在乎自己的隐私被其他人发现。并希望在就餐过程中展现自己优雅的礼仪，或者谈论一些有趣的话题。因此他们显得比较实际，比起那些鲜花、钻石带来的华丽，他们更注重客观实际的生活。

2.喜欢在极富浪漫的地方约会的人

有的人喜欢在浪漫的地方进行约会，如有月光的小树下，有着爱情传说的地方等。这一类型的人大多追求罗曼蒂克的爱情，他们会在不经意间给对方一个惊喜，他们不喜欢太过平淡的生活。在爱情上，喜欢用甜言蜜语的攻势，获取对方的芳心。他们思维敏捷，随机应变能力很强。

> **行为线索**
>
> 不同的人会选择不同的约会场所，有的人会选择一些幽雅的餐厅，有的人选择一些浪漫的场所，有的人会选择俱乐部或酒吧，还有的人选择在宽敞的场所。

我还是更喜欢呼吸室外的新鲜空气。

怎么样，这儿环境不错吧，安静又优雅。

3.喜欢在俱乐部或酒吧约会的人

有的人喜欢在俱乐部或酒吧约会，认为这种场合适合两个人互诉衷肠，甚至可以使彼此之间的关系更进一步。这样类型的人，总是致力追求一种刺激的生活，讨厌平凡的生活。他们喜欢自我表现，希望能在这些场合在心仪的他（她）面前有所表现。

4.喜欢在公园、广场约会的人

有的人喜欢在类似于公园、广场等一些比较宽敞的场所约会，这种类型的人个性比较开朗，对生活充满了热情，但是性格中也有相当软弱的一面。他们之所以会选择一些宽敞的场所，是因为那些地方人比较多，从而避免了两个人单独在一起的尴尬。他们有着远大的志向，会高瞻远瞩，给人一种很稳重踏实的感觉。另外，他们比较善于隐藏自己的真情实感，让身边的人无法理解。

第5章

察行观止：从对方的行为习惯看其潜在心理

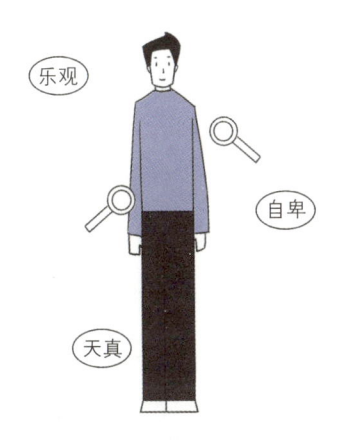

乐观

自卑

天真

每个人的想法、弱点、秘密、策略、内心世界等，都会通过人们的行为特点显露出来，而我们在与人交往时，总会有意无意地揣摩对方的心思，了解对方的为人。这时，我们就可以依据对方的行为特点来读懂他们。通过这些行为特点，我们就能够准确地揣摩对方的心理。这样做既可以更好地处理人与人之间微妙的关系，同时也能更好地保护自己。

开场白越是冗长，越是体现出不自信

人们在实际的人际交往中，常常为了促进彼此的人际关系，在交谈前先说一段开场白。

一般来说，开场白不宜过长，只要寥寥数语，别出心裁，就能够达到自己的交际目的。但如果一个人开场白过长，听众就会不易抓到说话的重点，也不过是在浪费时间，徒增焦急。可是还是有人喜欢把开场白拖得很长，原因可能是多方面的。下面我们分析一下，为什么有很多人仍喜欢把开场白拖得很长。

1.对听者的一种体贴

有的人喜欢把开场白说得很长，其中的一个原因是对听者的一种体贴。如果对方是个敏感、容易受伤的人，那么直接切入问题重点，可能会对对方心理造成冲击，所以说话的人就刻意拖长开场白，以照顾对方的感受。

2.内心的不安

还有的人会考虑如果开场白太过简短，可能会使对方产生误会或露出不悦的神情，因而留下不好的印象。于是，他们怀着这样一种不安的心情，延长开场白，使自己心理得到一种安慰。其实，这是一种缺乏自信的表现。

第 5 章 察行观止：从对方的行为习惯看其潜在心理

行为线索

开场白主要是为了介绍自己，吸引听众的眼球，使自己得到别人的关注。事实上和对方见面时，如果不先说点开场白，就直接进入重点，可能会令他人对自己的意图产生误解，从而产生戒心，为双方的沟通带来障碍。特别是在一些商业会谈中，开场白是不可或缺的。

> 我是项目的总监，有多年的从业经验以及敏锐的市场观察力，相信我一定能让贵公司满意。那就让我们谈谈细节吧。

为什么有的人会利用开场白为自己辩解？通常情况下，过长的开场白可以隐藏自己的不安情绪。这种人害怕不能清楚地表达自己的意思，于是画蛇添足，认为开场白越长越好。他们会借很长的开场白来为自己辩解。因此，这一类型的人是小心翼翼的人。

开场白太长固然令人不耐烦，但有很多人却矫枉过正，在面对上司、前辈时，生怕自己过长的开场白会使对方产生反感而遭斥责，所以不断地顾虑对方的态度，这就显得太反常了。

其实，说话者无非是为了更详细地表达自己的意思，所以把开场白延长。这其中最重要的原因就是内心的不安，也就是缺乏自信。

爱为朋友牵线搭桥的人可能爱表现

在生活中，我们经常会遇到这样一类人，他们乐于给别人介绍朋友，喜欢当红娘。如果他们第一次见到你就知道你是单身的，他们就会立即对你的事情充满了热心，不顾你的婉拒，主动为你介绍一些朋友。表面上看他们极富热情，热衷于为你到处张罗，甚至把你的事情就当作自己的事情。于是，你不忍心拒绝对方的好意，只好让他为你忙乎着。其实，这一类型的人大多热衷于自我表现。

通常情况下，他们会热情地说："听说你明天休息，正好我让你见见我一个朋友，他是个很优秀的人，保证你见了之后会满意的。"

如果你愿意相信他们的介绍，周末打扮得漂亮点去赴约，并且真心地渴望认识一位像他们说的那样优秀的朋友，彼此结识一段缘分，成功地结束单身生活，那么这种人的好意实在不错。但多半情形都是尽管你准时赴约了，按地址见到了其人，情况却与你预期的不同。其中原因可能是因为被推荐人并不像介绍人所说的那么优秀，而且他们两人也没有什么特别亲密的关系，对方也没有委托他们给自己介绍朋友。

行为心理学入门：完全图解版

行为线索

他们通过为你介绍朋友来使自己得到表现，满足内心的虚荣感。他们只是为了在你面前彰显自己广博的交际，以及他们所谓的熟识朋友。而一般情况下，他们只是喜欢干这样的事情，而成功不成功就不在他们的考虑之列了。

喂！我有个跟我关系很好的表哥刚从美国回来，我可以带你去见见他。

真的吗？

这种人，为什么如此热衷于帮别人介绍朋友？主要有以下两个方面的原因。

1.满足自己爱管闲事的冲动

他们之所以喜欢为别人介绍朋友，乐意当红娘，主要原因之一就是这些介绍人可以通过为人介绍这一行为，满足自己爱管闲事的冲动。可能他们在生活中或工作中显得无所事事，就会忍不住心里的冲动，到处做闲事。而为别人介绍朋友，当一个热心的红娘就成了他们的选择。

2.一方面出于好意，一方面展示自己的人际关系

当然，他们一方面是出于好意，体念朋友一个人孤独寂寞，希望为他介绍一个知心朋友；但另一方面，也是向朋友表示他们拥有较广的人际关系，那些优秀的人才，他们都认识，因此他们很有办法。于是，他们就在为你介绍朋友的过程中，竭力地展现自己的能力，以博得你的赞赏。

这些介绍人，表明上看来很乐意照顾别人，似乎总是本着"助人为快乐之本"之心，事实上他们并未发觉自己没有尽到介绍人的责任，只是以此满足自己而已。他们的想法未免太单纯，因为他们既然要替人介绍，至少应该知道必须对当事人双方负责任。

总而言之，那些喜欢替人介绍、乐于当红娘的人，他们并未真正替被推荐人或第三者考虑，他们在乎的往往是表现自己的能力。所以，大家不要把他们的行为和真正喜欢照顾别人混为一谈。

爱揭他人短，可能嫉妒心很强

在日常生活中，我们发现有很多人喜欢揭人隐私，他们以偷窥别人的私生活为乐，有的人甚至把别人的隐私作为茶余饭后的谈资，在谈论别人的隐私时还禁不住带种自豪感。实际上，也许没有人不喜欢听他人的隐私，所以报纸杂志，才会乐于报道政治家、企业家、文体明星的新闻。每一个人都具有强烈的好奇心，特别是对他人不为人知的一面，或者自己从来没有听到过的消息。别人越是想遮盖的秘密，他们就越有一种掀开神秘面纱的强烈欲望，想了解对方的隐私。这其实是受内心强烈的忌妒心的驱使。

如果是同一工作单位中的四五个同事聚在一起，他们谈论的话题总喜欢围绕工作单位中同事的一些消息打转。在这种谈话场合，有的人扮演的是提供话题的角色，在大家面前揭露他人隐私；有的人则扮演听众的角色，对别人的隐私进行评论。于是，说闲话的条件便成立了。其实，我们可以仔细观察这种揭人隐私提供话题的人与听众，他们的心理动机到底何在呢？下面我们通过几个方面来分析一下。

行为线索

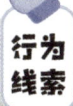

其实，从心理学上来说，每一个人都有一种偷窥癖，只是每个人的兴趣程度大小不一。有的人善于克制自己的那种偷窥的欲望，对于别人不想说的秘密就不会到处打听；但有的人虽然知道这是不对的，甚至显得有点不道德，但是他们就是克制不住内心的那种偷窥的欲望。

1.为了排解欲望得不到满足的心理郁闷

一些人愿意与同事一起谈论别人的隐私，是为了排解欲望得不到满足的心理郁闷。有可能是在工作中由于与上司的价值观有差异，而自己的意见未被采纳；有可能是因为在工作中与某位同事出现了一点小摩擦，而自己一直记在内心。

当然，聪明的他们并不能把这种情形当作是自己本身的问题，在揭露别人隐私的时候也不会显露自己对当事人的看法，表面上看他们只是把客观存在的事件叙述出来。他们会认为是全工作单位的人都对某位人物感到不满，所以他有义务揭露他人的隐私，让大家憎恨与攻击的欲望得到满足。因此，他们往往会在言谈之中，故意说一些刻薄的话，并希望听众能与自己站在同一立场上。

2.基于忌妒的心理

有一些人谈论这一类话题的对象，不是上司、部下，而是同事。所以，这类话题容易得到上司的赏识，并且深受异性的欢迎。因为人们对自己的上司或者下属都不会产生忌妒心理，唯有对可能成为自己对手的同事产生忌妒。他们千方百计打听对方的事情，一旦发现一点能破坏对方形象的事情，就会大肆渲染。所以，他们提供的话题、内容往往是对方的私生活，企图破坏其形象，使自己心里获得满足。而如果再加上听众对这个对象也不怀好意，并对其私生活进行胡乱地批评，那么提供话题者的目的就更易达成。

3.听众可以通过种种隐私，掌握平常在工作单位里上司不为人知的一面

有时候，人们通过对别人隐私的谈论，透过种种隐私，掌握一些平常在工作单位上司不为人知的一面。听众可以从得到的信息中，发现上司与以往截然不同的一些印象。也许以前认

为话题的对象是个异常严厉的人，想不到听了有关他的传言，才知道他原本很有人情味；也许平常看他说得天花乱坠，以为他有多么了不起，事实上不过是个庸俗的人物。人们通过谈论他人不为人知的一面，就会觉得自己又掌握了一些对他人的了解，那种感觉就好像突然得到了某种秘密而产生了自豪感和满足感。

4.对他人怀有敌意、羡慕、自卑等情结

有些人会窥探别人的私生活，并对他人的隐私或私生活进行评价。其实，不管是提供消息的人，还是听众，他们无非就是心中对对方怀有敌意、羡慕、自卑等情结，所以，他们才能凑在一块，对他人的种种隐私谈得不亦乐乎。一旦听众认为提供话题的人所说的内容与事实不符，就会把这个人当作造谣生事的人，而对传闻置之不理。

强求别人来赴约，可能虚荣心强且私心重

在一些社交场合，有的人喜欢用强迫的方式邀请别人，明明别人是不愿意被邀请的，他们仍然坚持再三要求别人应邀，他们直接忽略了拒绝者的心意和立场。他们在面临对方拒绝时，会一再重申自己的意见，以为如此对方就不会再拒绝，他们往往只顾自己的想法，为了让他人应邀，甚至摆出一种强硬的态度，最终使别人不得不勉强应约。

我们仔细观察那些强求别人应邀的人，他们大多是既自私又虚荣的人，而他们的心理动机主要表现为下面四种，我们现在来简单地分析一下。

1.把朋友的拒绝当作客套

有的邀请人在面对对方的拒绝的时候，就会一厢情愿地猜测对方的心理，他们甚至会自作聪明地把这样的拒绝当作一种客气的推辞。他们一再用自认为的想法逼迫，完全不会仔细思考对方的心理，有可能对方是因为工作一天太累了，不想出去玩了；甚至有可能他从内心来讲根本就不愿意跟你一起出去玩，找个借口来拒绝你，只是委婉地表达自己的想法。

第 5 章　察行观止：从对方的行为习惯看其潜在心理

行为线索　那些喜欢强求别人应邀的人是比较自私且虚荣的。他们在邀请对方的时候，虽说是出自真心的，但是过分地强求就会使这种看似真心的邀请有些变味。

> 今晚我请客去唱歌，不来就是不给面子。

2.认为对方拒绝，就是一种疏远

有的人在邀请对方的时候，遭遇到拒绝，他就会认为这是朋友故意的，他拒绝的目的就是疏远自己，断绝与自己的朋友关系。所以，对方委婉地拒绝，他们心里就会感到莫大的失望，甚至这样的失望情绪转而变成一种责备口吻："我真心实意地邀请你，你却再三拒绝，不给我面子，真是太不够意思了！"语气里已经表示出不快的情绪，并且表示出好像对方不去的话就会破坏大家的兴致，把对方完全推到了一个难堪的境地，而他们心里却一点没有不妥当的感觉。

他们试图勉强对方，当对方推辞"你实在有所不知，因为我已经和另一位朋友约好了，我们上周就已经约好了，所以真的没有办法"时，邀请人仍不会放弃，还故意刺激他："我看你是不把我当朋友吧！"以话中有话的方式来激将。甚至邀请者还会联想：就是他另外一位朋友在破坏我们两人的友情。他们只为自己的邀请没有被答应而不快，他们只担心自己没有得到满意的答复，而完全不顾对方心里的感受。或许对方在拒绝的时候，是真的有个重要的约会，并不是想跟他们断绝朋友关系。

3.因为寂寞邀请别人

有些人不愿意一个人独自出去玩，觉得寂寞，而之前他们也有过与朋友一起玩乐的经历，并且他们认为只有朋友的相伴，自己才能玩得比较尽兴，如果朋友不答应邀请，自己就会失去玩乐的兴趣。但这根本就是因为邀请人在心理上依赖他人，希望自己在任何时候都能够得到朋友的相伴，而毫不顾及朋友自己的生活空间。在这种情况下，他们想到的是如果对方拒绝，自己会显得多么无助、寂寞，甚至无法通过玩乐来获得某种兴趣。他们甚至认为自己是否能够获得快乐，决定于对方是否答应应约。这一类型的人独立性不强，喜欢依赖别人。他们根本没有意识到，对方的拒绝只是不想老是被你依赖，自己也想有个自由的空间。

4.满足其虚荣心

还有的邀请人希望对方满足其虚荣心，听他们炫耀，或让他们发泄不满和愤怒的情绪。他们认为自己邀请对方，是给了对方很大的恩惠，对方就应该答应自己的邀请。而有时候，自己邀请对方其实并没有什么特别重要的事情，只是出于内心的一种虚荣感，希望在朋友面前吹嘘自己的丰功伟绩，有时候，甚至因为自己情绪很坏，而希望得到朋友的相伴。他们通常大多在考虑怎么满足自己的虚荣心，而完全忽略对方内心的真实想法。

其实，只要我们仔细分析这些邀请人的心理动机，就可以了解他们为什么会出现那种强迫行为。这一类型的人，希望自己依赖的对象能满足自己的倾诉等欲望，所以完全忽略他人的权利和心理动机，勉强别人来满足自己的欲望。因此，他们大多是自私而虚荣的。

爱对别人指手画脚的人多半争强好胜

生活中，我们经常看见有的人在说话的时候，喜欢指手画脚，并且他们所做出的动作还挺大。其实，他们之所以喜欢指手画脚，是因为内心强烈的好胜心在无意中显露。他们总认为别人会听不懂他们的语言表达，总希望依靠自己的手势来补充一些内容，但往往给人造成的感觉就是显得不够理性，情绪容易激动。而在有的场合，他们甚至还会给人一种不礼貌的感觉。

特别是有的人连打电话都会夸张地指手画脚，明明看不到对方，却好像对方就在眼前似的，一个人拿着电话，一边指手画脚地讲得不亦乐乎。

这一类型的人，如果对一件事物热衷起来，就不会把其他的事放在眼里。除此之外，他们也是好胜心非常强的人，如果身边有强势对手出现的话，他们一定会使出浑身解数，绝不会想输给对方。

同时，这一类型的人在工作上大多相当有能力，他们个性积极，对自己想说的话、想做的事，都能通过流畅的语言表达能力，轻易地传达给他人。他们较强的说服能力在一定程度上提高了其办事的成功率。

第 5 章　察行观止：从对方的行为习惯看其潜在心理

行为线索

一般来说，这类指手画脚且动作幅度大的人感情比较丰富。这种人属于个性较为强势的人，他们总是急于表达自己的情感，宣泄自己的情绪，而往往忽略了他人的感受。正因为他们只考虑自己而忽视他人的感受，就显得比较自私。

这点事都做不好，你让我明天怎么和领导交代？

他们在日常的生活中，喜欢指手画脚，并且动作比较夸大，极富感染力，好像在演戏似的，因此周围的人很容易受他们的感染而情绪兴奋。而在工作职场或团体中，他们就可以依靠自己的那种感染力和影响力带动他人和自己一起向前冲，是创造活跃气氛、使大家团结为一体的高手。

　　另外，这一类型的人，他们会在自己的工作中独当一面，也会在工作之余的其他方面表现出游刃有余的深厚功底。对于在任何场合说任何话、在任何场合做任何事情，他们都会拿捏得十分恰当。但是，这类人也有软肋，那就是在挫折和困难面前，会变得十分脆弱，甚至会在重大的打击之下一蹶不振。所以，当他们感到十分失落的时候，对他们说一些鼓励的话是没有任何作用的。最佳的办法，就是给他们创造出一个新的环境，当他们身处一个全新的环境时，他们自然会忘记前面的失败，从而激发出内心的好胜心，重新振作起来。除此之外，他们也常常需要看一些励志性的书籍，借以鞭策自己，促使自己获得成功。

第6章

职场举止:从他人职场表现判断其性格心理

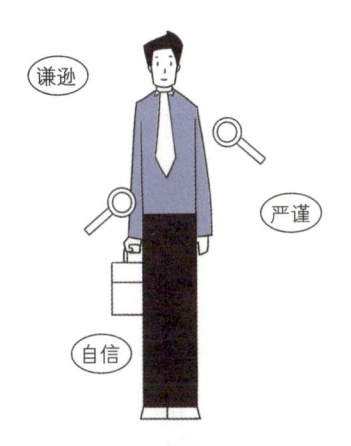

谦逊

严谨

自信

我们在工作的时候,仔细观察身边的同事与上司,你就会发现他们的一言一行、一举一动中隐含着许多的秘密。所以,你完全可以根据他们在职场中的种种表现来读懂他们。人们都说,职场如战场,稍有不慎,就会深陷其中,惨遭厄运。但是只要你能够在职场读懂你身边的人,那么你就会在职场中如鱼得水,应付自如。

工作不积极，生活也消极

一般来说，那些对工作十分认真的人，在生活中也会显得十分热情，他们会把那种投注在工作中的热情融入生活中。在生活中遇到任何事情，他们都勇于承担责任；在生活中，没有机会的时候他们会积极地寻找机会、创造机会，有机会的时候他们会牢牢地把握住机会，因此，他们大多很容易获得幸福的生活。

在我们日常生活中，会遇到一些这样的人，他们在面对一件工作的时候，首先想到的是自己该负担的责任和后果。他们总是担心失败了会怎样，所以经常会表现出犹豫不决的神态。由于顾虑的东西实在太多，他们行动起来就会瞻前顾后，畏首畏尾，所以最后往往失败。而当工作失败了，他们就会不断地找一些客观的理由和借口为自己开脱，设法推卸和逃避责任，这种人多半自私而又爱慕虚荣，他们常常以自我为中心。他们在生活中也是一样的态度，对生活很懈怠，总是对生活充满了抱怨。如果自己过得很不开心，他们不会仔细思考自己的态度问题，而是怨天尤人。如果遇到追寻幸福的机会，他们也会显得犹豫不决，于是常常不能在生活中获得满足。

第 6 章　职场举止：从他人职场表现判断其性格心理

行为线索

事实上，那些对工作不负责任的人，早在心里形成了逃避责任，推卸责任的心理。所以，当他们在生活中遇到困难和挫折的时候，就会习惯性地开始逃避现实，把自己的不幸归结于很多客观原因，不会真正地反省自己。他们对生活无法持有一种积极乐观的态度，而是抱有一种十分懈怠的态度。所以，这一类型的人，他们不管是在工作还是生活中，都无法获得心理的满足，也无法获得真正的成功与幸福。

怎么现在才交报告，项目都结束两个月了。

都怪公司的打印机坏了，让我一直没法打印。

同事内心，你可以从其面部表情了解

在我们身边的同事中，有很多善于伪装自己的人，我们称这样的人是表里不一的人。面对这样的人我们常常难以分辨出他们的真实面目。当他们用善良的外表来掩饰内心的邪恶，用外表的贤德来掩饰内心的奸诈，我们就更难以猜测他们那假面具后面真实的面孔了。对于每一个人来说，一旦感情和表情不统一了，那他就会失去内心的平衡。于是，这种不平衡就会通过面部的一些细节表现出来。当你和同事相处的时候，不能只看他的表面，应该透过其表象来摸清对方的内心，特别是他那变化多端的脸部表情，里面可隐藏了不少的内心秘密。

据说，有的戏剧学院专门设了一个学科，那就是训练人们的表情不同于感情。一般来说，感情和表情具有一定的统一性，比如当你开心的时候，你表现出来的是笑容而不是哭泣。而训练表情不同于感情，就是让你在内心感到痛苦或愤怒的时候，却在表情上显示出轻松的状态。我们不难发现，要想做一个感情和表情不一致的人是多么的不容易。在更多的时候，即便对方很善于伪装自己，我们还是可以通过表情来推测其内心的真实想法。

> 第6章 职场举止：从他人职场表现判断其性格心理

行为线索

由此可见，表情能够反映一个人内心的感情。所以，你在与同事相处的时候，要善于捕捉对方面部表情的细微变化，并透过这些细小的变化来读懂他们的心思。或者是他们的一个笑容，或者是面无表情，或者是嘴形，或者是一个不经意的皱眉。

今晚可以加加班帮助完成这个部分吗？

这……好吧……

这次的项目获得了极大的成功，你居功至伟。

哪里哪里，没有你们根本不可能完成。

听说你升职了，恭喜恭喜！你真厉害啊。

这不算什么。

1.几种常见的笑容

我们通过仔细观察,就会发现人们的笑容不外乎就那几种常见的类型,如微笑、轻笑、大笑、羞涩的笑、皮笑肉不笑、憎恨时的笑容。下面我们就对这几种笑容一一作简单的介绍。

(1)微笑

微笑是指不露出牙齿的笑容,这是一种会心的笑法、有默契的暗示或者表示出事不关己的态度。通常情况下,微笑都是一种比较善意的表情。

(2)轻笑

轻笑的时候露出了上牙,嘴唇稍微咧开,这样的笑容一般出现在招呼新朋友的时候,作为打招呼的动作。

(3)大笑

大笑通常是人们非常开心的时候所展示的,这种笑容会使上下门牙全都露出来,并且伴随着爽朗的笑声。如果你身边的同事发出这种笑声,那么这时候他的心情应该是非常激动的。

(4)羞涩的笑容

人们在显得不好意思的时候,就会轻抿小嘴,露出一个羞涩的笑容。这种笑容通常是那些涉世很浅的同事所特别具有的笑容。

(5)皮笑肉不笑

有的人的笑容显得很假,皮笑肉不笑,他们的笑容并不是发自内心的,而是装出来的。这样的笑容一般出现在那些老谋深算的高层人士脸上,他们大多比较有心机,做事也显得很沉稳。

(6)憎恨时的笑容

有时候,人们在愤怒或憎恨的时候同样会微笑。那是因为人们不想把内心的欲望或想法暴露出来,就强力克制住自己愤怒的情绪,勉强露出一个微笑。在与同事相处的时候,如果轻易地流露出愤怒、憎恨、悲哀及恐怖等神情,很容易招来很多麻烦,影响工作。所以,很多人都是通过微笑来压抑负面的感情,表现出喜悦和愉快的神情。

2.面无表情

有的同事虽然心中对你有不满情绪,却不想表现出来以显得自己心胸狭窄,只好拼命做出一副潇洒的样子。事实上,这时候他内心的怒气很大,只不过是拼命地压抑下来而已。如果你在这时候进一步观察同事的面部表情,就会看到那张冷冰冰的脸上任何喜怒哀乐都被掩盖住了,只剩下一副面无表情的样子。即便是面无表情,不同的同事也会有不同的表现,而他们所表达出来的情感也是不同的。

(1)愤怒的情绪

有的同事正处于愤怒的情绪之中,而这时候他还有一种紧迫感增加的话,眼睛立即会瞪得非常大,鼻孔也会显出皱纹来,或者在脸上有抽搐的现象。你在与同事相处的时候,发现了同事的面部抽搐,那就表示他正陷入强烈的不满与冲动情绪中。假如碰到这种情况，应该去安抚他，先稳住他的情绪，不要直接与他产生冲突。

（2）漠不关心

同样都是毫无表情，不过也有不同的情形，有的人表现出来的面无表情体现的是一种漠不关心的态度。比如你在对一位同事说着正在发生的事情时，他只是在那里面无表情，一言不发，那就证明他对事情的发展毫不关心，你最好就此打住，如果继续说下去，只会增加他对你的反感情绪。

（3）矛盾心理

有时候，你会发现同事们在一起开会的时候，有的人静静地看着一个地方，面无表情，好像无所适从。其实，这种神情并非是冷淡，或许是在表示某种好感。特别对于女同事来讲，她们不想公开自己内心的真实情感，经常会露出与心里相反的表情来。有些同事想掩饰矛盾的心情，于是露出了冷漠的表情。

3.嘴形变化

人们还可以通过对方嘴形的变化，来透析对方的心理变化。当人们在表达震惊的情感时，他们的嘴会不自觉地张开，下颚的肌肉往往很放松，并且向下垂；如果一个人对某件事情产生了浓厚的兴趣，往往会张开嘴巴，眼角下的面部肌肉会松弛。

4.不经意的皱眉

一个人内心的不愉快或者迷惑常常能够借助皱眉表露出来。比如他在忌妒或者不信任的时候往往会扬起眉毛；如果他想采用敌对的行为的时候，往往会绷紧下颚上的肌肉，嘴唇也往往会闭上，同样瞪视对方，眉毛也会扬起显示出挑衅的意味。

一般来说，脸部的肌肉要比身体上其他部位的肌肉发达许多，它们常常能随着不同情绪的变化而紧跟着发生相应的情感变化，特别是眼睛和嘴周围的肌肉更为发达。通过同事的面部细节辨明他们的真实情感，这并不是一朝一夕就能够练就的能力，而需要你不断地加以练习。有一种方法能够帮助你从表情中去体察同事的深层心理，那就是把电视机的声音关了，接着聚精会神地去观察画面，那样一来你就能从演员的表情中去揣摩人物的心理活动。

想了解同事心里的想法,观其小动作

现代心理学的研究证明,一个人不经意间表现出来的小动作能够反映出他对别人所保持的态度或者意见。在很多时候,一个人的小动作隐藏着其内心的真实想法。特别是在与同事相处的时候,我们可以通过观察对方的一些小动作来发现他们对自己的意见。

每个人都有心情不好的时候。这些情绪除了通过面部表情及口头语言表现出来以外,还会通过一些小动作显现出来。下面我们就介绍几种人们常见的小动作。

1.习惯用手拢头发的人

有的同事喜欢用指尖拢头发、轻搔面部,或是把食指放在嘴唇上。他们这一类的人性格比较开朗、乐观,虽然在面对生活或工作中的困难时也会出现失望、沮丧的心情,但是他们能在最短的时间内调整好自己的心态,坦然面对这一切,并致力于寻找解决问题的办法。

如果你的同事在你面前做出这样的小动作,那就表明他对你的谈话没有多大的兴趣。他们或许正在思考自己的问题,并且认为你是在打扰他,但他们会碍于情面而不表露出来。

第 6 章 职场举止：从他人职场表现判断其性格心理

行为线索

一些心理实验表明，如果你与一个你很讨厌的人在一起，只会出现两种相对的反应。要么就是显得太随便，根本不在乎对方的想法；要么就是显得太拘谨，看起来无所适从，甚至手都不知道该放在哪里。而从表现出来的不同的反应，正好可以揣测出同事对我们的意见。

109

2.喜欢用嘴咬住一些物品的人

在办公室，我们经常会发现有的人喜欢用嘴咬眼镜腿、铅笔或者其他一些物品。这一类型的人喜欢我行我素，不喜欢受人管制。他们做出这样的动作，是想掩饰自己恶劣的情绪，不想让别人知道。在这种情况下，你千万不要上前搭话，以免加重其恶劣的情绪。但在有时候，这样的小动作也无法克制他们内心的那种不满情绪，他们的情绪有可能会进一步恶化，并且有可能在突然之间爆发出来。

3.习惯用手抚摸下巴的人

有的人习惯于用手抚摸下巴或者抓着下巴。做出这样小动作的人大多比较世故圆滑，有较深的城府。他们这样不断地抚摸下巴只是想使自己镇静下来，克制自己内心的不满情绪，以免自己冲动之下做出什么不良举动来；同时，他们也在思考下一步的对策。

4.喜欢两手互相摩擦的人

有的人习惯两手不停地摩擦。这一类型的人对自己充满了信心，喜欢挑战自我，并且在成功的路上敢于承担一定的风险。一旦他们决定去做某件事情，就会一直坚持下去，而不会轻易改变主意和行动方向，所以他们在某些时候显得比较固执。而当他们两手不停摩擦的时候，就是烦躁不安、心情郁闷的时候。

5.喜欢咬牙切齿

有的人在烦躁不安的时候喜欢咬牙切齿，这一类型的人情绪变化无常，心态很不稳定。他们的心胸不是很宽广，喜欢意气用事，就连理智也无法把握感情。

当你在职场上和同事相处的时候，如果能够通过对方的一些小动作透析出其心里的真实想法，就能有效地掌控对方的心思，那么你在与他相处的时候，就会轻松很多，显得轻松自如，游刃有余。

学习古代文化，了解如何甄选人才

1.如何有效地提问

领导者可以通过向对方提问来选择人才，而提问也是有很多技巧的。有的人需要问之以言，以观其详；有的人需要穷之以词，以观其变；而有的人则需要明白显问，以观其德。这样，通过不同的提问技巧获得的不同反应，我们就可以看穿对方的心思。下面我们就简单地介绍一下提问的技巧。

（1）不断地追问

领导者要善于使用"穷之以词"，来观察对方的反应。你可以针对某个问题对其进行追问，而且越问越深入，使人难以招架，并借此观察对方的反应。那些缺乏自信的人，在你的追问之下，通常会显得手足无措，一副慌张的样子，甚至不知道如何来应对；而那些对自己充满自信的人，即便是面对一连串的问题，也能从容不迫，保持镇定，思路清晰地来回答你的问题。

同时，你也可以通过对方的表情来判断出对方是什么样的人。如果他对一件事情并不是很了解，就会出现慌张的表情，左顾右盼，不知所措；而对事情完全了解的人就会保持镇静的表情，连眼睛也不眨一下。

第6章 职场举止：从他人职场表现判断其性格心理

行为线索

现代社会，人们越来越关注那些古代遗留下来的文化瑰宝。比如很多在商海驰骋多年的老板，手边都必备一本《孙子兵法》；而很多人还通过《三国演义》来学习一些做人、说话的技巧。中国最古老的兵法《六韬》，里面详述了种种看穿对方心思的方法很值得现代人学习。

（2）多方面的质问

领导者可以对下属进行多方面的质问，从中观察对方到底知道多少。实际上，如何来判断对方到底了解多少，并不能只靠问题的表面形式，而是要注重问题的深度。有的问题只是形式上的，不足以挖掘出对方更深层的东西，比如"你平时都喜欢干什么"。而有的问题则可以直接进入重点，通过对方的回答看出对方的才能、思想程度，比如"你对这个问题是怎么看的"。领导在向下属提问的时候，要多问一些有深度的问题，而不是为了提问而提问。

有些时候，我们会被一个人的外表和言行举止所蒙骗。当你对其进行多方面的质问之后，你就会发现这样的事实的确存在。比如，那些平时看似应变有方的人，在面对提问时却支支吾吾，或是答非所问；而看似不够机灵的人，却往往能提出解决问题的有效方法。

（3）坦率而问

作为领导者，你还要善于使用这样的办法，那就是把自己的秘密坦率地说出来，以此来考验他是否值得信赖。对方是否能守住秘密，你不妨故意泄露个秘密给他，试探一下他，如果他能够坚守这个秘密，那么他无疑是值得你去信赖的。如果他在前脚听了你的秘密，后脚就跑去告诉了别人，这种无法守密的人，就不要重用，不能信任，需要敬而远之。而那些能够为你保守秘密的人，才是你值得信任的人。

2.如何判断其是否清廉

有时候，领导者需要考察一个人是否清廉，那么你就可以让他处理财务，以此来判断他是否是一个清廉的人。因为，每一个人在面对金钱诱惑的时候，都会忍不住伸出罪恶的手。比如，你可以把他调到容易拿到回扣的单位去工作，经过一段时间的观察，你就能清楚地了解对方是否清廉。如果他在工作期间，禁不住内心的欲望，见钱眼开，那就表明他不是清廉的。

3.如何判断出其态度

领导者要想判断出对方的态度，你可以请他喝酒，以此来观察他的态度。有的人虽然平时显得彬彬有礼，工作也做得很到位，但是三杯酒下肚就会露出真实面目，他们只会满腹牢骚，以此发泄内心的不满情绪。那么，你就可以判断出他一定是一个经常怀有不满，心中有强烈的忌妒心，甚至有害人之心的人。

一般而言，人们在酒醉之后都会表现出真实的一面，所说的话也是平时不敢说的，所做的事情也是平时不敢做的。俗话说："酒后吐真言。"而领导者可以在下属酒醉之后，观察其言行，发现其真实的面目。

4.如何判断出其胆识

领导者要想判断下属的胆识、勇气，那么你不妨把一些有难度的工作交给他，把一些难以处理的事情交给他去处理，以此来观察他的反应。派给他们有难度的工作任务，他是否能够妥善完成，那就能表现出其胆识、勇气。在这样的情况下，那些个性比较懦弱、对工作不负责任的人，在遇到困难时就会慌张失色。而那些有胆识、有勇气的人，则会对所有的事情给予恰当的处理。

第7章

识人察人：年轻人要有对他人忠奸善恶的判断方法

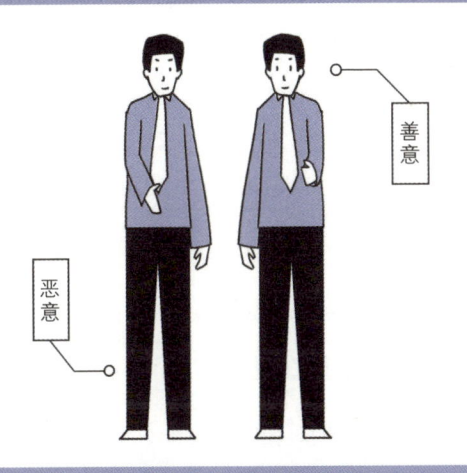

善意

恶意

　　现实生活中，我们为了生存，为了工作，每天不得不与各种各样的人打交道。他们有的可能是君子，有的却可能是小人。如果是遇到真君子，那还可以多结识一个朋友。而我们最担心的情况就是错把小人当作了君子，还与之深交，这对于我们工作、生活而言，都会带来一些麻烦。那么，我们就要善于通过一些细微的举动，看清真与伪，识破真小人。

说话时，眼神游离的人可能所言非实

在生活中，我们会发现身边时常有这样一些人，他们总是四处张望，眼神就像流水般游移不定。当我们在与他们交谈的时候，他们的眼神闪烁不定，不直接与我们的眼神接触，而是四处张望。可能我们不能从他们的言辞和面部表情中发现什么，但是他们那闪烁不定的眼神会给我们带来一种奇怪的感觉。实际上，这样眼神闪烁不定的人，往往隐藏了一些信息。这种眼神的背后，一般都在进行着算计。而拥有这样眼神的人，往往是工于心计、城府较深的。

一般来说，人们游移的眼神所传达的信息大致有两种：一种是聪明但不行正道，另一种是心藏奸恶、又怕别人窥探。前一种眼神大多是品德欠高尚、行为欠端正的表现；后一种眼神则大多是内藏奸诈、深藏不露的表现。

当我们跟某个人说话时，如果看到他目光游移，眼神闪烁不定，就需提防一下了。对方眼神闪烁不定是因为他内心正担忧某件事，而无法真正坦白地说出来，所以才会有这样的眼神。很可能他心里隐瞒了什么事情，也可能他正打什么坏主意，也可能对方心里有自卑感，或正想欺骗你。

行为线索

有的人在说话时，眼神总是闪烁不定，其实这表现了其精神的不稳定性。一些法律资料显示，犯罪者在坦承罪状之前一般都会有这样的状态。他们眼神四处游移，目光闪烁不定，总是回避询问者的视线，这大概是由于他们心中藏有某事或有所愧疚。

> 我……我已经说出了所有的事实。

那些眼神总是闪烁不定的人往往隐藏了一些信息，那么，到底在他们的眼神背后隐藏了什么样的秘密呢？

1.担心自己内心的想法被人看穿

有的人在说话的时候，总是目光游移，眼神闪烁，其中的原因可能是他们内心有些想法不想被人看穿。有可能他们正处在困难的境地或者是心里有什么隐秘的事情不想让你知道，所以他们害怕和你眼神交集。

2.可能正在打什么坏主意，或正想欺骗你

有的人习惯用眼神飘忽不定来掩饰自己内心的奸恶，他们在与你交谈的时候，可能正在打什么坏主意，也可能正想欺骗你。这一类型的人大多工于心计，他们眼神闪烁不定，就是在心里悄悄算计，打着小算盘。如果你在这时候，细心地去注意他们的措辞，你就会发现他们的话也显得前后矛盾，闪烁其词，东拉西扯。与这样的人打交道，就要格外细心，小心上当受骗。

3.内心自卑的表现

有的人在交谈的时候，眼神不敢与对方直接接触，他们一会儿看看自己的鞋子，一会儿看看天花板，一会儿看看窗外，眼神闪烁不定。他们有这样的表现，是由于内心自卑，他们害怕自己与他人的目光直接接触，害怕被他人看不起。于是，他们以目光四处游离来掩盖自己内心的自卑情绪，这样的人大多十分内向，不喜欢自我表现，但是他们的心里倒是没有什么坏主意。

4.代表着其他含义

当然，如果他们是与你关系比较亲密的异性，那么他们游移的眼神可能还代表着其他含义，或许是他们在犹豫，也或许是他们心中慌张。这个时候，你不妨制造一点小幽默，或者自我解嘲一番，以缓解两人之间的谈话气氛，让双方心理上都放松，这样更有利于感情的交流。

总而言之，那些眼神闪烁不定的人大多都是心里隐藏有一些秘密的人。我们在日常生活中，要学会仔细观察，透过对方的表面现象辨清伪与诈。

小人常用微表情掩饰内心

在日常生活中，小人无处不在，时常有意无意地在我们身边出现，给我们带来一些麻烦。但是我们却不能轻易地发现，很多时候我们只能在心里暗暗诅咒他们。其实，那些越是奸诈的人就越善于伪装自己，他们用善良伪装邪恶，用贤德伪装奸诈。他们在表面上对你相当和善，但是背着你却猛说你坏话，甚至用计策坏你的好事，我们对这样的人简直是烦不胜烦，但是也毫无办法。实际上，虽说小人掩饰的功夫相当到位，但是依然会免不了与常人不一样。他们在很多时候，会透过一些表情泄露出心中的秘密。只要我们仔细观察，就会发现我们身边的小人，这样就能够及时地采取远离或逃避等措施，以防上当受骗。

下面我们就小人几种常见的表情来做一一分析。

1.未语先笑

有的人习惯于还没有开口说话就先笑起来，并且笑容显得很奇怪。一般来说，有这样笑容的人大多心里隐藏着某些不能告人的秘密。他们在交谈的过程中，脸上总是长时间保持着微笑，而实际上你们的谈话内容并不是特别引人发笑的。

第 7 章 识人察人：年轻人要有对他人忠奸善恶的判断方法

行为线索

其实，小人特别善于用一些表情来掩饰自己。比如，说话时目光闪烁不定，回避你的眼神；或是脸上长时间保持微笑，但你们的谈话却没有特别引人发笑的内容；说话时没有多余的小动作，眼角却习惯性地向左扬起，斜眼看人；目光冷酷犀利；笑里藏刀；等等。

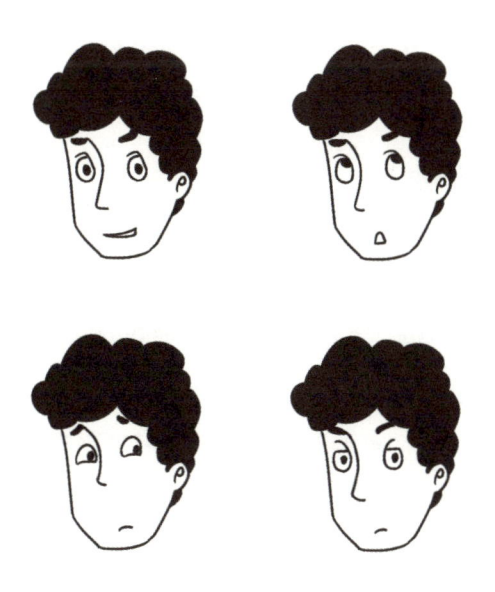

而他们这样的表情，明显是有撒谎的嫌疑，他们有可能并没有认真听你讲话，只是做出微笑的样子来敷衍你。在他们心里，也许正在算计着什么，或许正在对你打什么坏主意。如果你身边有这样的人，一定要多多提防，以免上当。

2.喜欢斜眼看人

有的人喜欢在说话的时候，眼角习惯性地向左扬起，斜眼看人。他们在讲话的时候，不喜欢和你的视线进行直接接触，而是斜眼看着你。有时候，当你试图把视线转向他们的时候，他们会快速地转移视线看着天花板或者看向窗外。但是一旦你把视线移开了，或者专注于自己所讲的话时，他们就会偷偷地斜眼观察你的一举一动。他们似乎是希望通过对你细致的观察，来了解你的内心活动，从而主动迎合你的想法来博取你的好感，进而达到他们不可告人的目的。

3.目光冷酷犀利

有这一表情特点的人，在历史上有一个代表人物，那就是三国时期的司马懿。常言道："谁笑到最后，谁笑得最好。"在《三国演义》中，笑到最后，笑得最好的既不是曹、孙、刘三家君王，也不是智者诸葛亮，而是司马懿。司马懿最常见的表情，就是三步一回头，那冷酷犀利的目光直刺得你心惊胆战。在我们日常生活中，也不乏这样的人。他们总是在你面前隐藏那犀利的目光，而在你看不见的角落，他们就会用那极端冷酷犀利的目光注视着你。即便是不知道目光来自何处，你也能感觉到那种让人心寒的感觉。

4.笑里藏刀

在我们身边，有很多笑里藏刀的人。他们总是试图与我们保持亲密的关系，或是投其所好地说一些让人高兴的话，或是假装与我们在某种爱好上有着极为相似的地方，或是平时喜欢给我们一点小甜头。他们看起来就好像是一个很值得信赖的朋友，可是当遇到重大事情的时候，他们就会隔岸观火，幸灾乐祸，甚至企图恶意中伤你。

一般来说，这类人的笑容很假，他们往往用那些伪装过的笑容来博取你的好感，因此他们的面部表情会显得极不自然。你在平时的生活中，要善于去分辨哪些是真诚的，哪些是虚假的，再通过一些行为举动来辨别出他们内心的想法。

其实，无论是在我们生活中，还是工作中，都存在着形形色色的小人，这就需要我们善于通过对方伪装的表情来看透其真实意图。以上是小人善于用来掩饰自己的几种常见的表情，当然，小人们用来掩饰自己的表情还有很多，这就需要我们在现实生活中练就一双火眼金睛，通过敏锐的观察力和洞察力去揭开他们的真面目。

年轻人要多留个心眼，小心小人背后的小动作

我们在日常生活中，经常所面对的不是"坦荡荡""以助人为乐"的君子，而是"常戚戚""以害人为乐"的小人。小人都善于用很多表情来掩饰自己，也善于把自己隐藏在暗处，他们常常怀着不可告人的目的来接近你，亲近你，正当你对他们产生好感，付出真诚的时候，他们就会暗中使计策害你于无准备之中。

俗话说："明枪易躲，暗箭难防。"如果是面对别人直接、正面的恶意挑衅，我们可能还有些准备，受伤害的机会也会变得很小；但是如果面对的是那些善于伪装的小人，那就毫无准备，甚至还有可能出现"把你卖了你还帮着数钱"这样的情况。如果你想避免受小人之苦，就需要我们在现实生活中，提高自己的警惕心理，小心提防才是。

在生活或工作中，通过多次与各种各样的人打交道，我们不难发现小人通常都有这样一些表现，比如，喜欢在背后说人家闲话、喜欢随意挑拨离间别人之间的感情、喜欢刁难人、喜欢两面三刀，他们还不守信用，经常当面答应你的事情，事后就会寻找各种借口进行逃避，矢口否认。

第 7 章　识人察人：年轻人要有对他人忠奸善恶的判断方法

行为线索

我们为了生存，为了工作，每天不得不与各种各样的人打交道，因此在社会中免不了遇到形形色色的小人，甚至受到小人的欺负或者陷害。所以，我们在平时的生活与工作中，就必须时时提防小人，这样才不至于处处被动，甚至"挨刀挨宰"。

他这样说别人，自己也不一定是好人，以后得当心点。

嗯嗯。

你刚来可能不知道，你师父老张可坏了，他以前带的新人都被他欺负。

　　他们无时无刻不存在于我们的周围，破坏我们愉悦的心情，致使我们的工作根本无法顺利开展下去，导致我们的职场生涯不断出现波折。如果你想在生活中或工作中顺风顺水，那就一定要细心观察你身边的每一个人，要特别防范这些无孔不入的小人。

那么，如何来提防小人发出的"暗箭"呢？其实在很多时候，这就需要我们自身做出更多的改变。我们要严格克制自己，千万不能被小人一时的甜言蜜语所迷惑；还需要我们自己洁身自好，能够"出淤泥而不染"，千万不能让小人抓住我们的把柄。当然，为了工作我们不得不与那些小人相处，这时候就需要我们学会如何与小人相处，甚至学会驾驭小人。下面我们就一一介绍一下，如何来提防小人暗箭伤人。

1.千万不要被其甜言蜜语所迷惑

其实每个人都喜欢听好话，这几乎是人的天性，不论是高官还是平民老百姓都免不了有这样的一个人性弱点。而那些善于伪装的小人更是深谙此意，他们了解每个人的天性，于是投其所好地恭维他人。这是小人最大的特点，也是他们最擅长的伎俩。虽然，在很多时候我们经过了生活的不断历练，会对那些莫名的恭维有几分警惕，但是小人更懂得如何来取悦我们。他们的成功之处就在于能够说出让你愉快接受的甜言蜜语，而且恰到好处地说到你的心窝里。当你面对那些溢美之词，你只能感叹："知我者莫过于他矣。"

当你面对那些能够让你开心的话语，你要学会清楚地辨别谁是出于真心的，谁是出于虚假的。一般情况下，朋友是"忠言逆耳利于行"的，他们会直接提出你的缺点和不足之处；而那些小人，则会迎合你的心理，专门说一些甜言蜜语讨你欢心。俗话说："无事献殷勤，非奸即盗。"当你发现身边有人莫名其妙地对你说些好话，你就要开始警惕了，要克制自己因为兴奋而作出错误的判断，更要保持清醒的头脑，千万不要因为几句甜言蜜语就晕头转向，被小人所蒙骗。

2.洁身自好

小人还有一个特别厉害的伎俩，那就是企图从你身上找出一丝"污点"，他们总是想方设法地从你的言行举止中寻找可以打击你的"污点"，然后对其进行无限地放大，夸大其词，再通过打小报告或者告黑状的方式来对你进行毁灭性的打击，最终让你有口难辩。俗话说："身正不怕影子斜。"其实，对付这样的小人的根本办法，就是洁身自好，使自己能够"出淤泥而不染"，不让小人抓住你的小辫子，更不能让小人抓到你的把柄。如果我们面对无论多么具有诱惑力的工作，都能坚持原则，胸襟坦荡，正直无私，做事光明磊落，我们就会在上司和同事面前建立起牢不可破的信任度，即便是小人用尽了各种手段，在铁证的事实面前都无法撼动别人对你的信任度，而他们只能够暗暗着急，怒火攻心。

3.学会与小人相处

我们常常为了工作的需要，不得不与小人打交道。有时候，我们已经辨别出了他就是一个小人，但是却一点办法也没有，依然为了工作而来往，我们根本没有不与小人打交道的权力。因此，我们要学会与小人和谐相处，而不要激怒小人，让他狗急跳墙。我们在与小人相处的时候，一定要讲究方法和技巧：如果你面对的是喜欢打听别人的隐私的人，那你就要回避对方的正面问题而采用"答非所问"的技巧；如果你遇到的是喋喋不休的人，那你就需要在谈话过程中巧妙地中断对方的话题；如果你遇到的是满口谎言的人，那你就要敬而远之，尽量与其拉开距离，避免被对方所欺骗。

4.学会驾驭小人

我们连不与小人来往的权利都没有，因此我们不仅要学会与小人相处，更要学会驾驭小人，学会利用小人来做好工作。俗话说："近朱者赤，近墨者黑。"每个人都是随着环境因素的变化而变化的，我们应该相信小人也是一样的。我们可以在生活或工作中，通过自己的言传身教来影响小人的行为，使之向好的方面转化，甚至用自己的一身正气遏制小人的反作用力。当然，更好地驾驭小人，那就是要有效地控制他们，使他们发挥不了他们的能耐，使不出他们的伎俩。而最佳的办法，就是顺势引导他们把精力转移到工作上来，可能忙碌的工作会逐渐充实他们阴暗的心理。

主动远离爱打听八卦的人

每个人都有属于自己的秘密。那些我们不想让别人知晓或者难以启齿的想法、故事及个人经历,都被称为隐私。其实,在每个人的内心深处,都有着一块不希望被人侵犯的领地。但是,似乎每一个人都有窥探别人隐私的爱好,人的好奇心就表现在此。那些我们越想掩盖的秘密,人们就越想揭开其神秘的面纱,一见真面目。其实,在我们身边,就存在着这样经常打听别人隐私的人。他们或者是出于无知,或者是出于猎奇,或者是出于某些不可告人的目的。每次与你交谈,都会巧妙地把话题引导到关于你自己或者朋友身上去,而且尽可能地从你嘴里挖掘出新奇的秘密,以满足其好奇心。

我们在工作单位要尽量避免做跟工作无关的事,更不要随便谈论他人隐私,这样只会让自己陷入无休止的麻烦之中。如果你遇到那种喜欢打听别人隐私的人,千万要提高自己的警惕,不要与这类人深交,即便因为工作关系不得不与他们有一些往来,也要与他们保持适当的距离。而最好的办法,那就是敬而远之。

行为线索

一般情况下,那些喜欢打听别人隐私的人,要么会直接问你一些有关于你的话题,如果你也是有着一定好奇心的人,那么就会不小心中了他的圈套,当你把你所了解的情况跟他仔细说明时,他可能就会到处宣扬甚至点名道姓地告诉别人,这些都是你说的,最终的结果就是使你陷入极度尴尬的境地。

还不错。

新来的老板好像对你很不错,你跟他接触比较多,你觉得他人怎么样?

要远离这些人的主要原因如下：

1.不尊重他人

那些经常喜欢打听别人隐私的人，虽然伶牙俐齿，巧舌如簧，但是却常常不懂得谈话的忌讳。一般来说，我们在与别人进行人际交往的时候，如果面对的是一个懂得尊重他人的人，并且知道什么事情是别人的隐私，便会识趣地不去加以追问。相反，那些明明知道是别人的隐私，还偏偏去询问的人，就是不懂得尊重他人的人。

人与人之间的交往，是建立在相互尊重的基础之上的。如果他是一个极不尊重别人的人，你就没有必要与其继续交往下去，而是应该尽可能地避开他的纠缠。

2.传播是非

那些喜欢经常打听别人隐私的人，大部分都是喜欢讨论别人是非的人，他们甚至还会把那些别人极为隐私的秘密公布于众，弄得人尽皆知。如果你与这样的人深交，免不了会把自己的一些秘密告诉给他们，或者是一起谈论别人的隐私。而一旦你们的关系出现了一点点裂痕，他们就会把你那些不为人知的秘密告诉别人，或者是把你怎么评论别人的话语添油加醋地传播出去，还会把你的名字清楚地说出来。那么，到时候你就会陷入极端尴尬的窘境，甚至有可能丢了工作，失去朋友。所以，为了不让自己卷入那些是非麻烦之中，最好的办法就是小心地避开那些喜欢打听别人隐私的人。

3.报复的心态

有时候，我们交友不慎，不小心与那些喜欢打听别人隐私的人交上了朋友。他们经常与我们形影不离，自然会对我们的秘密多多少少知道一些。而且如果我们在某些方面比他们优秀，或者是职位比他们高，或者是抢在他们前面把心仪的女孩追到了手，他们就会因为忌妒而产生报复的心理，不惜到处宣扬你的一些隐私、秘密来使你身败名裂，然后在你最困难的时候，躲在哪个角落幸灾乐祸。所以，你在结交朋友之前，一定要认清楚对方是哪种类型的人，如果对方恰好是那种喜欢打听别人隐私的人，那你千万不要与他深交下去，应该尽量与他们保持一定的距离。

在我们身边，经常潜伏着形形色色的小人，而那些经常喜欢打听别人隐私的人就是其中之一。为了避免无端地陷入是非祸乱之中，我们应该在与其交往之前，清楚地了解对方为人处事方面的特点，应该及时地避免与那些喜欢打听别人隐私的人深交。即便是对方对你进行刨根问底地询问，你也要学会技巧性地问答，那就是答非所问。遇到那些探求别人隐私的人，千万不能傻乎乎地有一说一，有二说二，要灵活运用答非所问的技巧，既不泄露自己的隐私，也不破坏彼此之间的关系。

第7章 识人察人：年轻人要有对他人忠奸善恶的判断方法

多点防备心，谨防"糖衣炮弹"的攻击

很多小人喜欢使用"糖衣炮弹"的伎俩，他们在平时对你恭维有加，有什么好处会分你一杯羹，还会经常给你一点小恩小惠，让你尝到甜头。

通常来说，那些小人把自己隐藏得很深，他们表面上看起来像好人，但是实际心中却是另有所图。那么，如何来提防那些小人的"糖衣炮弹"呢？

1.克制自己的贪欲

其实，这个世界上最无法满足的就是人们的欲望。特别是那些不用自己付出什么就能得到好处的事情，这绝对是每一个人都无法抗拒的。而小人正是了解人们的这一心理，所以他们会在不涉及太多金钱财物的情况下，给你一些小甜头，而这时候绝大多数的人都不可能拒绝。当你那种喜欢贪人家小便宜的欲望得到了满足，其实也就是中了小人的计策。所以，为了谨防小人的"甜头"之后带来的灾难，你就必须要克制自己的贪欲。你一定要明白，这个世界并不存在所谓"天上掉馅饼"的事情，也不要期望有人会给你什么好处。只要自己心中无贪念，就不会上小人的当，这样小人对你也就无可奈何。

行为线索

我们在与人交往时要谨防小人们的"糖衣炮弹",因为很可能甜头过去之后就是无限的灾难和痛苦。从表面上看,你似乎是遇到了一位慷慨大方、乐于助人的朋友。但是,如果你仔细观察对方,你就会发现这不过是他亲近你的一种手段,一种伎俩。假如你真的遇到什么极其困难的事情,他一定会躲得远远的,唯恐会殃及于他。

老板,小郑他在公司里造您的谣。

真的吗?

小郑,也就我们这关系我才和你说这事。

2.学会拒绝一些好处

除了克制住自己的贪念，还要学会拒绝。有的小人善于使用"糖衣炮弹"的计策，即便是你已经明确地进行婉拒了，但是对方依然会"锲而不舍"地对你更加的"友好"。这就犹如男人对自己心仪的女人不断地纠缠一样。所以，你在面对小人连绵不断的"糖衣炮弹"的袭击，就更应该做出直接的拒绝。当然，拒绝也是需要讲究技巧的，既不能伤了双方的和气，又要让人觉得你的理由是恰当的。比如，对方常常在下班之后对你提出一起吃饭的邀请，那么你就可以委婉地说："实在抱歉，我已经和别人有约了"或者"今天感觉有点累，要不改天我做东，请你吃饭。"这样就会让人感觉你是真的有事，或者真的累了，他们自然也不会强求下去。

3.谨防随之而来的麻烦

有的人显得没有心眼，对于别人的好意不好意思拒绝，就愉快地接受了。那么，即便你接受了对方的恩惠，你也要时刻警惕随之而来的麻烦。如果恰逢你即将晋升，或者是你有了一个很好的工作构思而对方没有，你千万要避免与他进行过于频繁的交往，也不要把自己的情况过多地暴露给对方，与他保持一定的距离。至于那些他给你的好处，你可以选择置之不理，如果你实在是良心过意不去，那也可以以同样的方式反赠于他。

其实，我们在面对那些善于使用"糖衣炮弹"的伎俩的人，最关键的是要克制自己的贪欲。只要你不去占人家的小便宜，对于他人给的小恩小惠也给予拒绝，那么他的"糖衣炮弹"对你就一点杀伤力也没有。

第8章

识破真伪：从他人不经意间流露出来的细节辨别真假

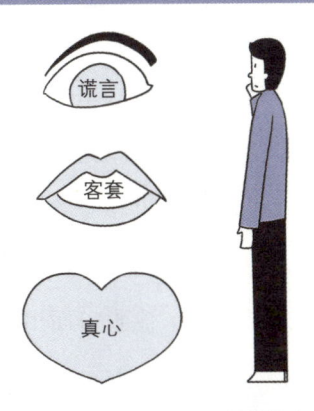

在现实生活中，人与人都会通过语言或者行为来进行沟通与交流。而人们身上显现出来的言行举止，会显露出一些细节来。而我们只需要在实际交往中，牢牢抓住对方交往中显露出来的细节问题，就能清楚地辨别出其是真心还是假意。

前后不一、自相矛盾者多半是在撒谎

在我们身边，经常发现这样一类人，他们在与我们进行语言交谈的时候，总是说一些自相矛盾、含混不清的话，常常让我们听了摸不着头脑，还会让我们心里产生某种疑惑。其实，这恰恰是说谎的表现，他们总是试图掩盖事情的真相，因此不得不把自己编的借口或是没有经过思考的话说出来，而又由于面对你正视他的眼神，他心中充满了一种紧张、慌乱的情绪，甚至害怕在你面前露馅，所以，他脱口而出的话语就会显得前后矛盾、含混不清。

这主要是由于，一个诚实者总能够清晰地记住自己所做的一系列事情，也能够保持自己思路的清晰，面对你的提问能够给予准确清楚的回答。当然，也存在着这样的情况，假如对方是一位说谎的老手，他面对你的提问能够保持从容的态度，那么他的每一个回答都会精确无误，无懈可击。其实，再擅长说谎的人，都会在自己的言行举止中露出马脚，而你只需要仔细观察，就可以准确地判断对方是否是在说谎了。那么，人们所说的那些自相矛盾、含混不清的话，为什么会被其他人认为是谎言呢？

第 8 章　识破真伪：从他人不经意间流露出来的细节辨别真假

行为线索

一般来说，那些说着自相矛盾、含混不清的话的人，他们都是因为没有集中自己的注意力，所以才会说出一些前后不搭调的话语。我们通过那些含混不清的话，就可以判断出对方的思路正处于比较混乱的状态，进而推断出对方是在说谎。

我看你资料上写着你十分擅长写作，怎么没有介绍任何你的作品？

那是因为我没有出版，我的意思是大家都认可我。

1.表里不一

人们说出的话之所以前后矛盾、含混不清，只能说明一个问题，那就是他们说的是一种想法，而心中想的是另一种想法。而他们在实际说话中，由于内心紧张、慌乱，思路就会开始混乱，于是两种想法就会在思路模糊之际发生错乱。因此，他们在说话时就会出现前后矛盾、含混不清的状况。

2.极力掩饰

说谎者都想通过表面的平静来掩饰自己内心的恐慌，可是在更多的时候，你极力想去掩饰的东西，却往往更容易暴露出来。所以，当他们自认为通过自己编的借口能够成功地把你欺骗时，却在恐慌达到一定程度时脱口而出自己的真实想法，这就使得他们的话显得前后矛盾。而他们自己也会发现这一点，但他们绝对不会说："我说错了。"而是想办法挽回这种局面，于是，他们的进一步解释就愈使得话语显得含混不清，以至于到最后他们自己也开始迷糊了，也不清楚自己到底想要表达什么。

3.心里打着小算盘

有的说谎者一边跟你说着话，一边在心里打着小算盘，也有可能他们心里正在算计着你。因此，他们的注意力在内心的想法而不在于说话本身上，这样就会造成思维对于语言的控制不够强，给人的感觉就是语言表达能力比较差，思路混乱。在这样的情况下，他们不得不反复纠正自己的话语，这其实就是欲盖弥彰。

通过以上的分析，我们可以判断出那些经常说话自相矛盾、含混不清的人，其实就是潜伏在我们身边的说谎者。我们在与这类人交往的时候，一定要多加小心，最好的办法就是了解对方说谎的真实意图。

常用来遮掩谎言的几类托辞

一般来说，说谎者都很善于掩饰自己，每一个说谎者都希望自己能够成功地欺骗他人，而自己能够享受那种喜悦的心情。其实，只要你细心地观察，就会通过对方的言行举止发现其掩饰的秘密。因为，即便是最高明的说谎者，也会出现"百密而一疏"的情况。通常情况下，说谎者不外乎就是把自己的谎言掩藏在言行举止中，只要掌握一些辨别谎言的技巧，我们就会清楚地判断出对方是否在说谎。

那么，说谎者经常用到的掩饰方式有哪些呢？下面我们就简单地介绍几种说谎者常用的方式。

1.真假笑容

说谎者常常戴着虚伪的面具，因此他们的笑容也是虚假的，他们会利用自己伪善的笑容来掩饰自己的谎言。美国匹兹堡大学的心理学教授杰夫里·考恩认为："我们可以说出每块肌肉动了多少次，它们停留多长时间才变化的，由此可以判断出对方的表现是真实的还是伪装的。"无论你面对的人是在撒谎还是心虚，你都可以通过对方的笑容来判断对方心里的真实想法。因为说话者虚伪的微笑在几秒钟就能让人戳穿他们的谎言。

行为线索

心理学家认为，真正的微笑是均匀的，它们在面部的两边是对称的，它来得快，但消失得慢，因为它还牵扯了从鼻子到嘴角的皱纹，以及你眼睛周围的笑纹。而那些说谎者伪装的笑容则来得比较慢，而且它们出现在面部时是有些轻微的不均衡的，并且眼部肌肉没有被充分调动。这一点我们可以通过观看电影或电视来发现，那些电影中的坏人经常露出的笑容是既冰冷，又恶毒的，因为他们的笑容永远到不了眼部。

2.表情闪现的时间

据说，美国保密局提供的胶片中，比尔·克林顿说到莫尼卡·莱温斯基时，他的前额微微皱了一下，然后迅即恢复了平静。通常情况下，一个正常的表情会维持几秒钟的时间，它所呈现在脸上的时间既不会太长也不会太短。而在那些说谎者伪装的脸上，真实的情感只会停留极短的时间，这就需要十分小心地观察。

另外，说谎者还有可能把自己伪装的面部表情维持或短或长的时间，一般来说，任何一种表情如果持续的时间超过10秒钟，就有可能是假的。而一些强烈情感的展现如愤怒、狂喜持续的时间常常更为短暂。有的人会极力掩饰自己过多的惊讶、愤怒、喜悦，他们尽量使自己的表情呈现一种相对稳定的状态，比如一直面无表情；而有的人恰好相反，他们会为了掩饰自己的谎言，而使自己伪装出来的表情长时间显现，比如在整个谈话过程中他们脸上都挂着虚假的笑容。实际上，说谎者最容易泄露秘密的地方就是其表情，因此你在与对方进行语言交流的时候，要注意观察对方的面部表情的变化，从而有效地辨别出他是否在说谎。

3.撒谎的人喜欢触摸自己

心理学家奥惠亚等曾做过这样一项实验：指示被实验者用谎言回答面谈者的提问，并分别记录刚刚下达指示后、撒谎前、撒谎时、撒谎以后等各个时间段里的非语言型行为，与不说谎时的行为加以比较。通过比较，他们发现说谎者在撒谎时会伴有摆弄手指、下意识地抚摸身体某一部位等细微的动作。其实，说谎者在撒谎的时候越是想掩饰自己的内心，越是会因为多种身体动作的变化而暴露无遗。

其实，当我们对说谎者进行仔细观察之后，就会发现他们在说谎时往往会借助一定的身体语言，比如喜欢触摸自己，就像黑猩猩在压抑时会更多地梳妆打扮自己一样。他们通常会触摸自己或者身上的衣物，或者是掩口，或者是摸鼻子，或者是不断地扯自己的衣领或衣角。

（1）掩口

人们在撒谎时有时会用手遮住嘴，这是因为说谎者的大脑潜意识使他们不想说那些骗人的话。相反，当你对着别人说话，而听者捂着嘴，这其实也是一种"撒谎"的表现，因为这表明听者对你说的话不满意或者不感兴趣，但嘴上由于某些原因不便于说出来。

（2）抚摸自己的鼻子

有的说谎者在撒谎时会捂着自己的嘴，但是又会觉得好像这样做不太合适，最后通常会在自己的鼻子上摸几下来掩饰自己刚才捂嘴这一动作，其目的就是为了掩饰自己在说谎。当然，有的人其实并没有说谎，也会习惯性地摸自己的鼻子。这就需要我们从触摸的时间和力度去体会，不说谎者触摸的时间稍稍长一些，力度也会稍大一点。

（3）不断拉扯自己的衣领或者衣角

由于人们在说谎时会产生心理上的不平衡，会导致交感神经功能的微妙变化，因此会不知所措而下意识地拉扯一下自己的衣领或者衣角。这时候，如果你细心地观察，就会发现对方的情绪处于十分紧张的状态，随时都有可能爆发出来。

（4）揉自己的耳朵

说谎者在撒谎时会不由自主地轻揉自己的耳朵，这一动作最常出现在小孩子身上，当他们试图撒谎时会由于内心害怕而轻揉自己的耳朵，如果他们在说谎时并没有被发现，他们也会因为兴奋而不断地抚摸自己的耳朵。

4.面部发红

面部是人们最为直接的身体部位，也是最容易暴露的部分，它是人们传递情感信息最重要的部分，也是表达自己情感和态度的信息源头。有的说谎者在撒谎时脸部皮肤会发红，脸色也显得不自然。如果他们的谎言被识破了，说谎者会更加紧张，有时还会脸部充血，脸部皮肤变红。

当然，那些善于伪装的说谎者除了上面介绍的几种方式外，还有其他一些表现，比如平时沉默寡言，突然变得口若悬河；在谈话过程中露出惊恐的表情却强作镇定；说话时闪烁其词，口误比较多；对你所怀疑的问题，过多地辩解，装出很诚实的样子；精神恍惚，不敢与你目光接触。只要你能够细心地观察对方的一举一动，就很容易判断出对方是否在说谎。

第8章 识破真伪：从他人不经意间流露出来的细节辨别真假

观察对方眼神，读出对方话语的真假

我们通常会认为只有嘴巴才可以说话，才可以表达出感情，其实，眼神也同样可以。甚至有人说，人的眼睛比嘴巴更会说话，这是由于人的眼睛的无声语言和精神的作用具有一定的联系性。眼神同样可以传达出你内心的感情和态度，你可以表示出专注，也可以表示出信任，也可以表现出拒绝，等等。而且，眼睛所表达出来的感情来自于心灵的最深处，是没有任何办法掩饰的。所以，我们可以通过对方所表露出来的眼神来辨别他们说的是不是真心话。

1.眼神闪烁不定

很多人在说话的时候，会使劲地眨眼，眼神闪烁不定，其实这并不是由于他们的眼睛进了灰尘或者天生有什么疾病。一般来说，人们在注意力集中思考问题时很少眨眼，这是由于从大脑提取信息的过程受到视觉的影响。而如果眨眼过多，那么思维难以活动，这说明此时他只是用事先就编好的借口来搪塞你。当然，也有人在面对你的提问时会不由自主地恐慌，嘴里说着谎言，不知道该把自己的视线放在哪里，于是就出现了眼神闪烁不定的状况。

> **行为线索**
>
> 其实，如果我们能仔细观察每一个人的眼神，你就会发现那些善于说谎的人，往往会漏洞百出，而他们的眼神常常会出卖他们的想法。很多情况下，眨眼的频率、眼珠的转动、视觉的变换等都能够表达其一定的心理。那些说谎者在撒谎时，大凡眼神都会透露出谎言的秘密，具体表现为眼神闪烁不定、目光四处游离、不敢与你的眼神进行直接接触而是看向右上方。

下班怎么不回家，你干什么去了。

呃……突然加班了。

2.目光四处游离

人的眼睛是受大脑支配的。人的大脑分为左右两个半脑，左半脑处理空间、形象和整体等信息；右半脑处理语言、数学和理性的信息。人们在思考问题时，绝大多数的人会朝着一个方向移动自己的目光，也就是说，说话者在思考问题时只会目光左移或是右移，他们的目光是不可能四处游离的。通常来说，那些目光四处游离的人，其内心隐藏了一些秘密，他们借助自己到处游移的目光来掩盖自己的谎言，企图蒙混过关。如果你向对方问一个不用思考的问题时，他也移动自己的目光，那十有八九就证明他不想轻易地说出这一问题的答案，或者他想撒谎。

3.不敢与你进行眼神接触

眼睛是泄露人们内心秘密的元凶。正常情况下，人们在互相交谈时，会保持目光接触，并且敢于正视对方的眼睛。这才表明双方都不回避问题，都是坦诚相对的，没有什么可隐瞒的。而有的人在交谈时会企图逃避对方正视的目光，那是因为他们害怕隐藏于内心深处的秘密被人看穿，而他们在说谎时还会用揉眼睛的动作来掩饰自己。

当然，人们通过日积月累的观察，就会发现那些说话者是从来不看你的眼睛的。而说谎者本人也知晓这个道理，那些比较高明的说谎者就会避开这样一个雷区，他们会加倍专注地盯着你的眼睛，并且瞳孔开始膨胀。实际上，说谎者在注视着你的时候，因为注意力太过于集中，他们的眼球会干燥，这让他们更多地眨眼，这也是一个致命的信息泄露。

如果我们在生活中细心观察，就会发现那些善于说谎的人总是会从眼神中泄露出一些谎言的秘密。而我们洞察对方心理的最佳办法就是在交谈时，细心而又不着痕迹地观察对方的眼神，你就能发现其中隐藏了很多秘密。

第9章

了解人心：年轻人参与社交要多做准备工作

人生如棋，人际交往中处处存在着博弈。谁能够有效地掌控人心，谁就是人际交往中的大赢家。那么，如何才能够掌控对方的心思，操纵局面呢？最有效的办法就是快速地读懂人心，只有读懂人心才更能掌控人心。

先了解对方需求，更能对症下药

人与人在进行交往时，需要有效地读懂对方的心思，了解其心理需求，才能够进行更为有效的交流。但是，当你清楚地了解了对方的心理需求，更需要懂得如何"对症下药"。俗话说："知己知彼，百战不殆。"在交往中，知彼很重要，它可以让我们掌握对方的一些信息，了解其心理需求。只有我们在实际交流中，借助那些信息及对方的心理需求，"对症下药"，才能使双方之间的交流更加畅快而没有任何阻碍。

其实，每个人都有自己的心理需求，有的人喜欢听好听的话，有的人喜欢占点小便宜，有的人喜欢别人的赞赏，有的人喜欢表现自己。也许，了解对方的心理并不困难，我们只要通过仔细观察对方的言行举止就可以洞察到对方在想什么，需要什么。当面对有着不同心理需求的人，我们就需要投其所好，迎合对方的心理需求，寻求对方的认同，消除对方的戒备心和警惕心，有效地进行思想上的沟通。

心理学家马斯洛认为，人的需要由低级向高级分为五个层次，依次为：生理的需要，安全的需要，从属和爱的需要，尊重的需要，自我实现的需要。

第 9 章　了解人心：年轻人参与社交要多做准备工作

行为线索

形形色色的人具有各种不同的心理需求，而当他们在某一固定阶段也会有固定的心理需求，这要从其具体生活环境或工作环境，还有其心理环境来洞察。我们在交际中，只要能够有效地掌握对方的心理需求，对症下药，就能够取得人际交往的成功。

> 这位先生一看就是成功人士，我推荐您买这款包包送给美丽的夫人，既能显示您尊贵也能衬托夫人的气质。

155

我们需要将这些对方的心理需求应用于人际交往，学会洞察人心，了解对方最为迫切的心理需求，有的放矢，并且采用"对症下药"的方式予以满足，使之产生所需求的行为。一般来说，人与人之间大多是通过语言或行为进行交流的，那么首先你就要在这两方面下工夫。

1.面对不同个性的人

有的人喜欢听好听的话，那么你不妨投其所好，适当地对他说一些好话，赢得对方的好感；有的人不喜欢别人的恭维，那么你在说话时就要把握好一个"度"，言语真诚而不显阿谀，态度友好而不显谄媚。语言是人与人之间交往最基本的工具，所以你在交往中面对不同心理需求的人，要对症下药，只有说到对方的心窝里，才能够打动对方，从而进行卓有成效的沟通与交流。

2.面对有着不同兴趣的人

不同的人有着不同的兴趣爱好，那么你在与其交谈的时候，不妨巧妙地把话题引到对方所感兴趣的话题上来。比如，他比较喜欢收集纪念品，那么你不妨也谈谈关于收藏的价值，激发其谈话的兴趣；他比较喜欢音乐，你就不妨说说当下最流行的音乐。总之，他的兴趣爱好是什么，在进行言语交流的时候，就用什么切入话题，这样才能使对方消除戒备心理，对你有一种认同感。

其实，每个人都有着自己的性格，有着自己的兴趣爱好，有着自己的心理需求。不管对方有着怎么样的心理需求，只要你能够有的放矢，对症下药，满足其心理需求，就会在交往中取得主导权，成为交际中的大赢家。

年轻人要坚持交往原则，了解社交规则

每天，我们都会为了不同的目的，不得不与各种各样的人打交道。但是，实际的人际交往并不像想象中的那么简单，它并没有完全被我们掌控在手中。为了更加有效地进行人际交往，我们必须了解人际交往中的"潜规则"。人际交往中的潜规则主要是指一些人际交往的心理原则，需要避开的人际交往的雷区，需要掌握的原则。下面我们就来做一个较为详细的介绍。

1.人际交往的心理原则

我们每天所面对的是纷繁复杂的人际关系，虽然每个人在人际交往中都有着不同的目的、要求和期望，但是心理学家仔细分析后，还是发现人际交往有着共同的心理原则。他们总结出了四条人际交往的心理原则，即交互原则、功利原则、自我价值保护原则及同步变化原则。

（1）交互原则

一般情况下，人与人之间的交往是建立在互相重视、互相支持的基础之上的。因此，只有遵循了交互原则，才能够在人际交往中获得成功。古人云："爱人者，人恒爱之；敬人者，人恒敬之。"

第 9 章 了解人心：年轻人参与社交要多做准备工作

行为线索

如果你想得到对方的认同、接纳，那根本的前提就是你自己也要喜欢、承认和支持别人。一般情况下，那些我们愿意接近的人，一定是喜欢我们的人；而那些我们避而远之的人，一定是厌恶我们的人。这就是人际交往中的交互原则。

你的新书太棒了，它给了我灵感，我又要踏上新的旅程了。

我就喜欢你这种随心所欲的性格，真是让人羡慕。

其实，人与人之间的交往中都是有相互作用的。如果你愿意与对方交往，那一定是你比较喜欢对方，对他的某些方面比较认可；反之，如果你觉得对方身上存在着太多自己无法认同的东西，那么你就会从心里生出一种厌恶情绪，这种情绪就会使你在交往中拒绝与对方进行交流。

（2）功利原则

日常生活中的人际交往都是在互相平等的基础上进行的，这就需要我们把握彼此的功利性原则。功利性原则包括了金钱、财物、服务，另外还包含了情感、尊重等。也就是说，每个人在进行人际交往时都抱着功利的心态，希望通过交往能够有所收获。实际上，我们在这里所说的功利性并不只是关于金钱、财物，它也有可能是关于情感、尊重的。有时候，我们结识好朋友，是为了从对方那里获取支持、关心、帮助、情感依托等。当然，这样的功利性也是相互的，是建立在交互原则的基础之上的。

（3）自我价值保护原则

大量的社会心理学家的研究证明，每个人在进行人际交往时都会有一种防止自我价值遭到否定的自我支持倾向。也就是每个人在与他人交往时，都怀着一种戒备心理和警惕心理，这是极为正常的。因此，当你在遇到对方不愿意轻易向你吐露秘密时，你应该明白对方只是在进行自我保护，需要正确地理解对方，并且在人际交往中遵循这样一个原则。

（4）同步变化原则

在实际生活中，你会发现，人与人之间的某种变化是同步的。那些我们越来越认同的朋友，也会越来越喜欢我们；而也有时候，随着交往的深入，那些我们不怎么喜欢的人，也会渐渐远离我们。其实，这就是人际交往中的同步变化原则。

2.需要掌握的人际交往原则

我们进行人际交往，不仅仅需要了解交往的共同心理原则，还需要以此为依据，懂得一些在实际交往中需要遵循的原则。只有掌握了这些人际交往的原则，我们才能够在人际交往中应付自如。

（1）懂得自爱

我们在人际交往中，需要懂得自尊自爱，你不要奢望世界上会有"天上掉馅饼"这样的美事，也不要期望得到对方的馈赠。当然，有时候，朋友之间会赠送一些小礼物，这样会增进友谊，增进彼此的感情，这是可以理解的。但是，当你在面对初次见面的朋友，对方也提出要送礼物给你时，你需要保持自尊自爱的原则，谢绝对方的礼物，千万不要来者不拒，这样很容易使自己受制于人。

（2）平等原则

人与人之间的交往，是建立在互相平等的基础上的。在交往中，双方在人格上是平等的，你千万不能因为自己资历老、学历高，就摆出一副盛气凌人的姿态，这会对你的交往极为不利。

行为心理学入门：完全图解版

> **行为线索**
>
> 我们在人际交往中，需要懂得自尊自爱，你不要奢望世界上会有"天上掉馅饼"这样的美事，也不要期望得到对方的馈赠。当然，有时候，朋友之间会赠送一些小礼物，这样会增进友谊，增进彼此的感情，这是可以理解的。但是，当你在面对初次见面的朋友，对方也提出对你丰厚的馈赠，你需要保持自尊自爱的原则，谢绝对方的礼物，千万不要来者不拒，这样很容易使自己受制于人。

（3）真诚原则

人与人之间的交往贵在真诚，只有真诚才能打动人心，赢得别人的好感。在交往中，只有你以诚待人，才会同样赢得别人的真诚相待；如果你为人比较世故圆滑、尔虞我诈，那么你就永远不会有真正的朋友。

（4）保持一定的距离

我们在进行人际交往中，一定要保持适当的距离，既不要过于亲近，也不要有意疏远。这是因为，人与人之间的交往是需要有一定的心理距离的，只有维持好这一个心理距离，才能建立起良好的人际关系。另外，每个人在人际交往中，都会有一种本能的自卫心理。如果你与对方过于亲近，非但不能建立亲密的关系，反而会引起对方的不适，进而影响到彼此之间的关系。

3.人际交往的禁忌原则

我们与人进行交往时，都希望交流能够顺利有效地进行，不希望双方有交流障碍，更不希望双方之间的关系恶化。因此，这就需要我们在人际交往中避开一些雷区，懂得一些禁忌。

（1）忌谈论他人隐私

每个人都有一些不愿意公开或不必公开的秘密，因此我们在交往时要学会尊重对方。即便是你了解了对方那些不为人知的秘密，也千万不要与人谈论对方的隐私。因为对于对方来说，那些不必公开的情况，有可能是缺陷，有可能是秘密。

行为心理学入门：完全图解版

行为线索

有的人在人际交往中，会有意无意地经常使用到一些粗野的语言，甚至满嘴丑话、脏话。其实，无论你是文化素质低，还是出于一种习惯，你都要让自己尽可能地避开这种情况，因为没有谁愿意与一个满嘴脏话的人进行语言上的沟通。

如果你对此进行大肆宣扬，就会伤害对方的自尊心，也会使你们的关系恶化，陷自己于孤立无援的境地。因为，没有谁愿意与一个喜欢谈论别人隐私的人交往。

（2）忌使用粗鄙语言

有的人在人际交往中，会有意无意地经常使用到一些粗野的语言，甚至满嘴丑话、脏话。其实，无论你是文化素质低，还是出于一种习惯，你都要让自己尽可能地避开这种情况，因为没有谁愿意与一个满嘴脏话的人进行语言上的沟通。

（3）忌浅薄无知

很多人在人际交往中，喜欢不懂装懂，经常拿出一副教训人的口吻，但是所讲的都是外行话，辞不达意。其实，这样的人是最不受欢迎的。如果你在某方面知识比较欠缺，就要学会谦虚谨慎，不耻下问，千万不要妄加议论。在他人面前表现自己浅薄无知的一面，只会让自己陷入一个尴尬的窘境。

收集信息，多了解对方

在人际交往中，为了使交往更加顺利地进行，就需要详细地了解对方。而想要了解他人，就先要掌握对方足够的信息。因为只有掌握了对方大量的信息，才能够依据对方的需要调整自己的交际方式，才能够使我们在人际交往中占据主导地位。

一般来说，我们要了解一个陌生人，可以从其性格特征、生活习惯、心理状态、兴趣爱好等各方面入手。接下来就从这几个方面详细地进行介绍。

1.对方的主要性格特征

每个人都有自己独特的性格特征，有的人属于敏感型，有的人属于情感型，有的人属于思考型，有的人属于想象型。心理学家认为，那些相似性格的人更容易互相吸引。当你了解了对方的性格是属于哪种类型，就可以在与其交往中对症下药，从而改善双方之间的关系，使你们的交往更加愉快。

当然，每个人并不是只具备单一的性格特征，他可能还具有两种或两种以上的性格特征。但是他所具有的主要性格特征就是其代表类型。我们需要掌握对方的主要性格特征，而不因小失大。

第 9 章　了解人心：年轻人参与社交要多做准备工作

行为线索

我们在了解一个人的时候，往往容易出现"一叶障目"的错误，或者只是单方面地了解对方，这样就会使我们了解得不够全面，也会造成我们在与对方的交往中出现一些交流上的障碍。因此，想要更为全面地了解对方，就需要获取足够详细的信息。

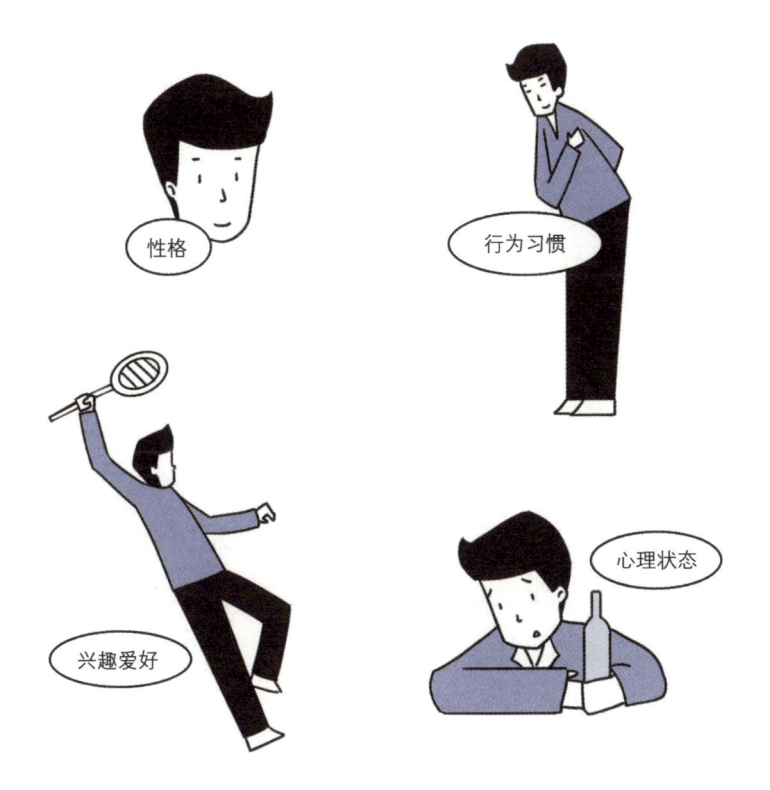

性格

行为习惯

兴趣爱好

心理状态

2.对方的生活习惯

在现代社会中，人际关系就如同一张大网，网住了所有的人，没有人能够脱离了这张巨网而独立存在。但是，有时候，虽然你有着广泛的交际，却没有形成稳定的关系，所以无法建立融洽的人际关系。因此，你必须掌握对方足够多的信息，更多地了解对方的心理。我们可以通过对方的行为习惯来了解对方，比如，有的人习惯躺着看电视，有的人习惯结伴逛街，有的人习惯无聊时就随意在纸上写点东西，有的人习惯把东西放得规规矩矩。不要小看了对方的这些行为习惯，你可以透过这些细微的地方，推断出对方是一个怎么样的人。

3.对方的心理状态

我们在与对方的交往过程中，可以从其谈吐、遣词用字方面来掌握对方的心理状态，只有了解了才能够明白如何来应付。我们还可以通过说话方式来了解对方的心理状态，我们越是与对方进行深入交谈，就越容易发现对方正处于一种怎样的心理状态。当我们交谈的话题进入核心部分时，你可以仔细观察对方说话的速度、口气，那是我们探知对方深层心理意识的关键。我们可以以此为依据，判断出对方心里正在想什么。

4.对方的兴趣爱好

我们可以从对方的兴趣爱好来了解他是一个什么样的人。通常来说，一个人的兴趣爱好往往能反映出其心理需求。比如，有的人喜欢玩益智游戏，那就说明他比较聪明并且善于发挥自己的优势；有的人喜欢四处旅游，则说明对方是一个懂得如何放松自己的人，他在任何时候都会明白自己最想得到的是什么；有的人喜欢喂养宠物，说明他本身是一个容易孤独的人，而且不容易相信别人；有的人喜欢收藏纪念品，则说明他是一个明白自己价值所在的人，通常他也能够有深刻的自我认知。

总而言之，要想更好地了解对方，就尽可能地多掌握一些有关于他的信息。当然，获取信息的途径是多种多样的，可以直接当面与他进行交谈，以观察其言行举止来了解对方；也可以通过对方较为亲近的人来了解更多关于他的信息；还可以通过平时对他的细心观察，来了解对方的心理。

到什么山唱什么歌，与人交往要因人而异

四种主要的性格类型有不同的心理特点，这些特点既有优点，也有缺点。因此，我们并不能说哪种性格类型的人好相处，哪种性格类型的人不好相处，即使对方某种性格类型的缺点很突出，这也不能以偏概全。但是，我们在实际的人际交往中，可以避开对方性格上某些不好的方面，而激发其性格中积极的一面，这样更有利于我们与之进行有效的交流与沟通。当然，面对不同的性格类型，我们所采用的交际方式也会有所不同，下面就简单地介绍一下。

1.面对多血质性格类型的人

一般来说，多血质的人性格比较外向、活泼好动，经常保持轻松愉快的心态，对生活怀着一颗热情、向上、开朗、豁达的心。他们善于交际，拥有敏捷的观察力，比较健谈。他们有着较强的适应能力，工作有效率，面部表情也极为丰富，情绪发生迅速且丰富多变，他们对一些新鲜的事物比较敏感但不够深刻。而他们的缺点就是：兴趣广泛而浮躁、容易随波逐流；轻率而不够踏实，对任何事情只有三分钟热情；情感不易深沉，容易见异思迁；缺乏耐心与毅力，容易轻率做决定。

第 9 章 了解人心：年轻人参与社交要多做准备工作

行为线索

古希腊一位心理学家曾经对人的性格类型进行了多年的研究，他认为人体内有四种体液，而哪种体液占主导，其行为方式、反应和情绪表现就带有这一类型的特点。因此，他把人在生活中、与人交往中的性格特点分为四类。即多血质、胆汁质、黏液质、抑郁质。

我获得了第一名！ 有什么好炫耀的。 真棒！

黏液质　　　多血质　　　抑郁质　　　胆汁质

171

面对这一类型的人，需要以真诚的态度赢得对方的好感，进而迅速与其确立良好的人际关系。在交际中，要随时注意观察对方的面部表情，因为对于这一性格类型的人来说，他们的面部表情就是他们心情的晴雨表，他们不擅长隐藏自己，而是把喜怒哀乐都表现在脸上。如果在交往中发现对方脸上有不悦的表情，就要适时收住自己的话题，转换到别的话题上。对于这一性格类型的人，要花一些精力来建立起双方之间的信任感，并且在交往过程中善于引导对方的情感，进行更为有效的沟通。

2.面对胆汁质性格类型的人

这一类型的人外向而精力充沛，他们的情绪来得快，去得也快，而无论是语言还是行动，他们都能够果断迅速，雷厉风行。他们对生活怀着一种异乎寻常的热情，比较乐观，也很率直。他们常常能克服工作中的困难，能够坚持到底。而他们的缺点是：比较冲动，莽撞，容易愤怒并且难以自制；他们比较刚愎自用，性格比较倔强甚至挑衅；一旦他们精力耗尽就会情绪低落，信心受挫。

面对这一性格类型的人，你的一言一行都要经过"三思"，千万不要触动对方愤怒的情绪。由于他们的性格比较倔强，有时候可能更容易服软，所以你不能硬性地要求对方去做什么，而应该巧妙地引导对方按你的想法去思考。当出现一些困难的时候，需要照顾到对方的情绪，并进行适当的鼓舞，激发其自信心。

3.面对黏液质性格类型的人

这一性格类型的人比较内向、沉静、谨慎、稳重，他们在说话时比较迟缓，不会轻易暴露出自己内心的活动。他们平时性情比较平和，办事比较认真，有条有理，很细心、有韧性。他们在交际中虽然不善言辞，但是却懂得忍让，是可以信赖的朋友。他们的缺点是：比较执拗、不灵活，适应能力也比较差；比较迟钝、被动、冷淡，有时候落落寡欢不合群，性格比较保守，并且容易委靡不振。

面对这一类型的人，你需要付出很大的耐心和精力，由于他们性格比较内向，不会轻易向你吐露内心的想法和意见。可一旦他们对你产生了一种信任感，就不会轻易改变。所以，与他们初次见面的时候，不要被对方冷漠的样子给吓到，你一定要留给对方一个良好的外在形象，并且通过自己的言行举止来使对方对你产生一种好感。

4.面对抑郁质性格类型的人

这一类型性格的人属于极端内向的人，他们很柔弱，容易敏感、腼腆。他们的情绪来得很慢，一般不轻易发脾气，但一旦发起火来就会十分强烈。他们平时比较严肃，不畏惧困难，也很细心，容易发现别人不易发现的问题。他们的缺点是：情绪比较脆弱，比较畏缩，逆来顺受；他们平时多愁善感，经常忧心忡忡。他们经常会比较冷漠、多疑，做任何事情都犹豫不决，经常为了小事而动感情。

　　面对这一类型的人，说话要委婉，不能太过于直接，要随时照顾到对方敏感的心理。我们需要以温和的态度对他们，不要轻易触动其愤怒的神经；在交往中，需要经常给予对方一些赞赏，不要随便批评他们，这样才能使对方树立信心。总的来说，面对这一类型的人，需要小心翼翼，不论是说话还是做事，都要随时考虑到对方的心理。

交谈中提及对方的兴趣，能获得好感

卡耐基曾经说："即使你喜欢吃香蕉、三明治，但是你不能用这些东西去钓鱼，因为鱼并不喜欢它们。你想钓到鱼，必须下鱼饵才行。"这句话告诉我们，在与他人的交往中，要主动迎合对方的兴趣，这样才能拉近交往双方的心理距离。每个人都有自己的兴趣爱好，往往最感兴趣的那方面恰恰是他们所擅长的一面。主动迎合对方的兴趣就会在无形之中让对方感到受重视，同时感受到你对他的尊重。当然，你在迎合对方的时候，需要讲究技巧和方法，要把握好一个度，超过了一定的限度，就会有阿谀奉承之嫌。所以，迎合对方兴趣需要巧妙灵活，既要让对方感到被重视，又不能让对方看出任何的破绽。

很多人在进行人际交往的时候，只是谈论自己，从来不会考虑到别人的想法，这样的人永远不会得到别人的认同。

其实，每个人都渴望来自他人的肯定与赞赏，这会让他觉得自己具有价值。你怎么去对待他人，他们也会以同样的方式对你。如果你想让对方认同你，那么你就得先认同对方，认同是相互的。如果你想缩短交往双方的心理距离，那么你不妨跟对方谈论一些他感兴趣的话题。

行为线索

每个人都有自己的兴趣爱好，有的人喜欢打篮球，有的人喜欢看书，有的人喜欢听歌，有的人喜欢看新闻，有的人喜欢书法，有的人喜欢绘画，有的人喜欢食物，有的人喜欢下棋。总之，每个人都有一种或是多种的兴趣爱好，而一些高明的交际者会懂得迎合对方的兴趣，以此来拉近双方的距离，博得对方的好感。

第10章

赢得信任：遵循这些原则让你迅速赢得友谊

　　我们要想在人际交往中更加有效地掌控他人的心思，就必须要赢得对方的信任。因为只有对方信任你，你才能够获得对方足够多的信息，进而能够更清楚地了解对方，洞察出对方的心思。

吃点亏，反而能赢得人心

人们常说："吃亏是福。"很多人都不明白这个道理，他们总是从表面上看问题，觉得自己已经吃亏了，怎么可能还是一种福气呢？实际上，他们没有看到深层次的问题。很多时候，你在平时的小事上吃点亏，并不会对你造成太大的损失，而当重大事情来临的时候，那些对你充满好感或同情的人就会想到你，最终你会因"宁愿自己吃亏"而沾上福气。

人的本性都是自私的，所以这就决定了很多人在人际交往中，唯恐自己哪点没有得到满足，他们无论是说话还是做事，首先考虑的都是自己的得失，而从来不顾及他人的感受。他们不希望自己在哪怕一丁点问题上吃亏，常常得理不饶人，什么事情都与别人斤斤计较。不管是在生活还是在工作中，凡是有任何可以得到好处的地方，准少不了他们。

相反，还有一类人则个性随和，比较好说话，他们做任何事情都宁愿自己吃亏，而不希望伤害到他人的利益。所以，他们在人际交往中人缘特别好，走到哪里都能获得别人的喜欢，不知道是运气还是福气，他们还常常能够碰到"天上掉馅饼"的美事。

第 10 章 赢得信任：遵循这些原则让你迅速赢得友谊

行为线索

我们在人际交往中，不能时时刻刻都只想到自己，有时候还需要考虑到他人，哪怕自己可能吃亏，这样才会使自己的人际交往顺顺利利，游刃有余。

有时候，自己吃亏表面上看是自己在某些方面的利益受了损失，但是从长远来看，人际交往中的"宁愿自己吃亏"却可以为我们带来莫大的利益。吃亏是福，这话确实不假。

1.为自己赢得好人缘

在人际交往中的成功并不在于你获得了多少东西，而是在于你是否受到人们的欢迎，是否能够得到人们的信任。如果你在人际交往中处处计较自己的个人得失，而不顾及他人的利益，那么你即便暂时获得了某种心理上的满足，未来也必将成为孤家寡人，没有任何人会喜欢与一个斤斤计较的人交往下去。但是，如果你在平时不贪图小恩小利，宁愿自己吃亏，也让别人获得满足，这无疑会为你赢得很好的人缘。

因为宁愿自己吃亏，也不希望伤害到对方的利益，也不希望自己陷入各种争执之中，对于别人来说，这表明你不会对他造成很大的威胁，甚至可以成为一个信赖的朋友。无论是争执的双方还是旁边的人，都会觉得你是个不错的人。当这样一种好感泛滥之后，你就会发现你走到哪里，都是受欢迎的，无论上级对你怎么嘉奖，他人都是毫无异议的。

2.让他人有种亏欠感

当你把有可能属于你或者本来就属于你的东西让了出去，而让自己蒙受损失，即便是对方得到了他想得到的东西，他的心里也会感到不安，或者是对你感到亏欠。在平时交往中，他只要与你进行接触就会带着这样一种感觉，总是觉得对不起你似的。所以，当更好的机会来临之后，他就会主动提出把这样一个机会给你。或者是当下一个机会来的时候，他第一个想到的就是你，因为对你有所亏欠，所以他想以这样的方式来补偿你。

当然，你也可能碰到极端自私自利的人，即使他得到了他想得到的东西，也不会对你有任何亏欠感。但你依然已经赢得了他的信任，他会觉得你这个人还不错，也会消除对你的敌意。

3.避免惹上小人

有的时候，仅仅为了一点点得失就与对方进行无谓的争执，这很容易为自己带来一些麻烦。我们在与对方交往之前，还不清楚对方的内心，我们不能排除对方是小人的情况。万一与你争执的是一个小人，那么你就为自己惹上麻烦了。或者他会想尽一切办法来与你进行利益之争，最终双方都会筋疲力尽；或者当你赢得了利益之后，他会到处宣扬你的坏话，以此来破坏你的形象；即便是他最终赢得了利益，他也会对你怀恨在心，你无法指望小人的心胸有多宽广。

因此，我们在人际交往中，要保持平和的心态，不妨让自己的心胸大度一点。千万不要太在意个人的得失问题，而要建立起对方对你的信任。吃亏是福，在交往中，适当让自己吃一点小亏，可以获得更为重要的东西，那就是信任。

有得意之事，也不要在失意者面前表现出来

生活中我们经常见到这样的人，他们在事业春风得意的时候，就会到处宣扬自己的丰功伟绩，言辞之中不乏骄傲自豪。很多得意者不仅不会收敛自己的兴奋情绪，还会以此为资本在失意者面前大谈特谈。其实，这是极为不妥的做法。人生漫漫征途，总会有潮起潮落，每个人都有得意与失意的时候，并不总会一帆风顺。也许，当你沉浸在得意的兴奋情绪中，转身就是随之而来的失意落魄。所以，当你处于得意的时候，千万不要喜形于色，甚至飞扬跋扈，尤其不要在失意者面前显示你的得意之态，这样非但不会引来欢呼之语，只会为自己招来更多的愤恨。其实，当我们在得意的时候，尤其要考虑到失意者的情绪，要善待他们，因为当你在失意时会需要他们。

人生都会有得意之时，失意之日。每个人在得意的时候，情绪都会处于一种极端兴奋的状态，愉悦的心情也溢于言表。但是当你在得意的时候，你是否顾及了失意者的情绪呢？也许，人生际遇就是这样，恰恰是你的得意才有了他的失意，那么他本来心里就对你充满了怨恨，而在这个时候你还要到处"得意"，只会让他对你的恨意越来越深。

第 10 章　赢得信任：遵循这些原则让你迅速赢得友谊

行为线索

有时候，我们在与朋友聊天的时候，正碰上朋友事业衰败，那么这时候你就要尽量克制自己兴奋的情绪，多照顾一下对方的心理，千万不要在他面前谈你的工作是如何的出色或者是你又加薪了。这都是应该避免的，我们在人际交往中千万要掌握这样一个原则，那就是不要在失意者面前说你得意的事情。

当然，如果你在工作上正是春风得意的时候，那种极力想谈论自己、证明自己、抒发一下自己的万丈豪情，那种急迫的心情也是可以理解的。但是，即便是你要谈论一下自己的光辉业绩也要看准时机和对象。你可以与你的下属谈，享受他们投向你的钦佩的目光；你也可以和那些成功的人士谈，共同分享愉悦的心情，快乐的人生，成功的经验。但是，千万不要在失意者面前谈，你需要考虑到他们的情绪。因为，你的得意表现，对大部分失意的人来说是一种莫大的伤害，那种痛苦的滋味也只有尝过的人才知道。总而言之，自己在得意时要顾及失意者的情绪，如果你言行举止不当，就会为自己或朋友带来一些伤害。

1.使失意者情绪更加愤恨

一般情况而言，当一个人失意时，身边的人都是极为难受的，即便是他们没有处于失意的状态。你的所作所为都会将对方置于一个失意的状态，而他们对你除了羡慕和忌妒，甚至还有愤恨。而失意的人没有什么攻击性，由于失意带给他们的就只是郁郁寡欢、沉默寡言，但是你千万不要以为他们心里就没有什么别的想法。当听了你得意的言论之后，他们会普遍产生一种怀恨的心理。本来他们已经对你的得意有了某种恨意，而你的表现只会让他们对你产生更多愤恨。当你说得唾沫横飞，或是自鸣得意的时候，对方心里已经不知不觉地埋下了一个炸弹。

2.失意者有可能会对你进行报复

也许，你并没有发现那些失意者对你有某种不满的情绪，其实这只是因为当时对方并没有显现出来，似乎在失意的状况下也无力显现，但他们会铭记在心里，寻找着各种机会向你报复。你没有顾及他们的感受，他们也就不会去考虑到你的想法，他们会想方设法地来泄恨，来发泄他们心中的愤恨情绪。以至于干出一些小人才干的事情，比如背着你说你的坏话，到处散布你的谣言，甚至故意与你为敌，在你即将晋升时扯你的后腿，他们这样做的目的就是不想看到你得意的嘴脸。如果他们以前是你的朋友，那么他们就会开始逐渐疏远你，避免和你碰面，以免再次看到你得意的嘴脸，再听到你的得意言论。于是，你不知不觉间就失去了一个朋友，而多了一个敌人。

3.造成一种人际关系的危机

也许，你并没有关注到那些失意者给你带来的一些伤害，而你那得意的姿态会使得你间接地失去一些朋友，这无疑是你人际关系的一次危机，对你的交际没有任何帮助，只会使自己落入孤立无援的境地。另外，出于个人的心理来说，他们并不希望看到别人得意的炫耀，所以你的所作所为只会把自己推入一个难以控制的场面。

所以，当你有了得意之事，不管是升了官、发了财或是一切顺利，千万不要在正失意的人面前表现出来，如果在不知情的情况下说了，事后也要向对方道歉，尽量把伤害的程度降到

185

最低。

总而言之，即便是你正处于得意的时候，也要多顾及一下失意者的情绪，以及身边人的情绪。因为每个人都是有妒忌心的，这一点你必须承认，你的得意会引起你身边人的反感。所以，最好的办法就是你在得意时少说话，态度要更加谦卑，这样才能为你赢得更多的人缘。

忠义仁厚，不做落井下石之事

有的人看见别人出事了，惹上麻烦了，心中就会充满一种快感，甚至还会做出一些落井下石的事情来。他们唯恐对方受伤不够重，再在对方身上补上致命的一剑。像这样类似小人的行为，在人际交往中是不会得到任何好处的，只会让你臭名远扬。你落井下石的行为不会得到任何人的认同，而俗话说得好："三十年河东，三十年河西。"风水都是轮流转的，你不能预测到将来会发生什么事情。而你那些伤害对方的行为，对方只会在你陷入困难时加倍地奉还给你。到时候，你如何能够经得住致命的打击？因此，我们在进行人际交往的时候，任何时候都不要落井下石。

1.行为性质极其恶劣

"落井下石"这句话，出自韩愈文："落陷阱，不一引手救，反挤之，又下石焉者。"意思就是说看见有人落井，不仅不救，甚至还向井中扔石头。本来对方已经身处不幸之地，而你非但不提供任何帮助，反而想着怎么加害于他，这样残忍的行为比"见死不救"更恶劣，也比那些在旁边幸灾乐祸的人更狠毒。

> **行为线索**
>
> 人生并不是一帆风顺的，总会出现大大小小的挫折和困难。小致丢了工作，大致性命攸关，这对于我们来说都是无法预料、不能避免的。因此，无论对方是陷入困境还是处于挫折之中，我们都不要落井下石，这对对方而言无疑是雪上加霜，往伤口上撒盐，给对方造成的伤害甚至比事件本身更大。即便是对方曾经与你有过矛盾，你也要坚守起码的做人原则，那就是在任何时候都不要落井下石。

人与人之间的交往都是相互的，都是建立在平等的基础之上的。如果你想让对方喜欢你，那么你就先喜欢对方；如果当对方"落井"而你却以"投石"来对待，那么对方也会对你毫不客气的。虽然，生活中不乏心胸宽广之人，但是对方也一定不会忍下这口恶气。

2.唇亡齿寒

每个人都懂得"唇亡齿寒"的道理，却在交际中不注意这个问题。古人云："城门失火，殃及池鱼。"当你对他人的苦难进行无情"投石"时，你也无法预料未来会发生什么事情。有的人在公司，面对遭到上司批评的同事，一副幸灾乐祸的样子，似乎还不够解恨，还居然跑到上司的办公室打小报告、告黑状。其实，当你在进行这些行为的时候，也许下一个遭上司批评的人就是你。因为那种背后说人家坏话，放冷箭的人，上司也是不会欣赏的。你也不要觉得自己的境遇比对方好，其实都是一样的。

因此，我们任何时候做人都要厚道，对于别人的不幸要给予同情，对于别人的过失也要进行自我反省。不管是幸灾乐祸，还是落井下石，都是墙倒众人推，这都是小人的行为。你要永远记住：风水轮流转。古往今来历史上没有任何一个潮流与现象是永恒的，都是盛极必衰，衰极必盛。

做人留一线，日后好相见

当我们无意钻进了一条死胡同，那无疑是让人沮丧的事情，这就表明你必须顺着原路返回，再换另外一条路走。如果仅仅是走路，那么我们还有退回原路的机会。但是如果是在人生的道路中，我们说了什么话、做了什么事情、下了什么决定，那都是不可更改的，不会有第二次机会。当你因为自己所说的话，所做的事情，所作的决定而步入一条死路，没有一丝回旋的余地时，到时候你就会感到极端的绝望，那是相当痛苦的。

那么，如何有效地避免这样的情况呢？那就需要我们在说话、办事、做决策的时候，千万不要斩断自己的后路，多为自己留一条路，因为那是生的希望。

多为自己留一条后路，那无疑是希望事情能够有回旋的余地。在我们的生活与工作中，并不存在着绝对的事情，而自己也并不能时时都运筹于帷幄之中，把每一步都算得很精准。这就需要我们在说话办事时学会为自己留一条后路，千万不要说太绝对的话、做太绝对的事情，斩断自己的后路，那无疑是亲手把自己逼进了死胡同里。

第10章 赢得信任：遵循这些原则让你迅速赢得友谊

行为线索

希腊神话中，相传有位叫米若斯的国王为了报杀子之仇，向雅典发起战争，迫使雅典人每隔几年都要送7对童男童女到克里特岛，用来喂米若斯关在克里特岛迷宫中的怪牛。雅典王子忒修斯决定要杀死那头吃人的怪牛，于是，他和另外13位童男童女一道前往克里特岛。迷宫设计得非常复杂，进去的人没有一个能活着出来。为此，忒修斯先用自己的魅力征服了米若斯国王的女儿，向这位公主讨到了走出迷宫的办法，最后不仅成功地杀死了怪牛，并且安全地返回了雅典。走出迷宫的办法是，带上一个线团，从进入迷宫时开始放线，最后再顺着线路返回。

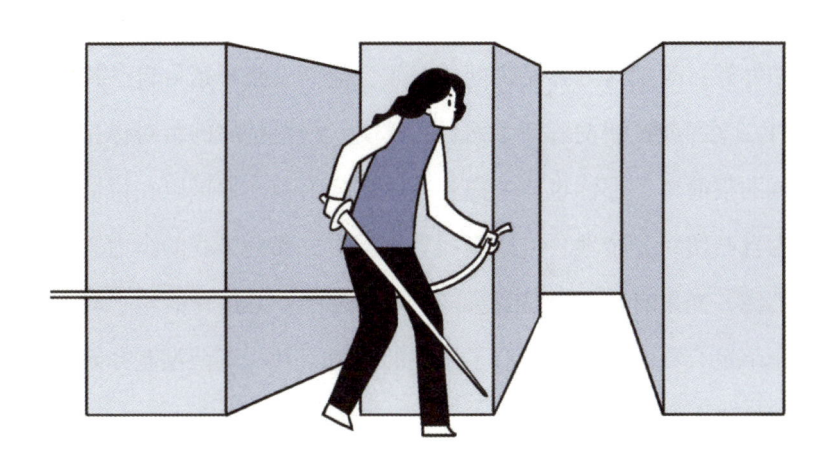

在我们的人生路途中，也会经常碰到"克里特岛迷宫"。相信自己的实力，不肯轻易退却的我们，当然会勇敢地走下去。但是，在很多时候，我们会因为胆大有余、细心不足，结果使自己深陷迷宫不能自拔。我们再来看看忒修斯走迷宫的过程，原来我们在进入迷宫之前，忘记了一件最为重要的事情，那就是为自己留下一条后路。

那么，如何才能不斩断自己的后路而使自己能够更加坚定地前行呢？

1.说话留一分余地

很多人在说话的时候很绝对，他们常常把话说得太死。比如，当朋友委托他们帮忙的时候，他们就会夸下海口："这事包在我身上，你就放一百二十个心。"而若那件事并没有如期办好，等到对方开始询问的时候，他们只能开始为自己找借口，立即就让朋友看清了面目。其实，即便是那件事对你来说真的很简单，那你也要考虑到一些客观因素，你可以在说话时为自己留一分余地："这事我先试试看，我会尽我的全力去帮助你，如果有什么事情我会随时联系你的。"这样既给了对方一个定心丸，又使自己有了回旋的余地。万一事情没有办好，自己也不用负多大的责任。

2.做事留点分寸

很多人在做事的时候，太过于相信自己的能力，只要想好了事情的整个计划就开始施行，并不担心万一发生什么事情，预备一个紧急预案。当你一意孤行，执意去钻那个死胡同，那么你就没有办法回头。如果你能事先为自己准备一个紧急预案，还能够让事情有缓和的机会。因此，我们做任何事情都要有一定的分寸，跟说话一样，只有"三思而后行"，才能够使我们牢牢把握住事情的发展，进而获得成功。

3.做任何决定都要经过深思熟虑

在人生这条路上，有很多的十字路口需要我们做出恰当的选择。选择不同的路，就注定了不同的结果。因此，你在做任何决定的时候都只有经过深思熟虑，才能够不后悔做出这样的决定，也才能够有准备、有信心地走下去。

给自己留一条后路，其实就是给自己一条生路。在登山运动中，每一个登山教练在你出发之前都会对你说一句："登顶，一定不要坚持。"有的人不信这样的话，坚持登顶，结果在稀薄的空气中终结了自己的生命。而那些听了教练的话，没有坚持登顶的人，无疑给自己的生命留了一条后路。当你在进退两难的时候，要果断地选择下山，养精蓄锐之后，再进行攀登挑战。

在当今这个和平的年代，人生道路上的博弈并不需要非生即死，而是需要为自己留一条后路，即使在自己山穷水尽之时，还能够找到一条生路，另辟蹊径，重登成功之路。其实，不斩断自己的后路，多给自己留一条退路，不是退缩，而是为了更加坚定地前行。

面子就是尊严，无论如何不要伤害他人面子

中国人历来很看重面子，甚至觉得面子比任何东西都重要。俗话说："人要面子树要皮。"这就提醒我们在人际交往中，要明白"面子大过天"的道理。特别是在很多公众场合，你千万不要为了表现自己而置对方的面子于不顾。当你让对方当众失掉了面子，他就会因为愤怒而什么事情都干的出来。你在人际交往中，希望对方能够考虑到自己的面子，而对方心里也怀着同样的想法。因为对于大多数人来说，面子可能比什么都重要。当场被伤及面子，下不了台，那种受伤的感觉就如同被当众打了一耳光一样令人感到羞辱。

那么，我们在交往中需要从哪些地方来照顾对方的面子呢？

1.多一些赞美之言，少一些刺耳之言

当你在与对方进行言语交流的时候，要多说一些赞美对方的话语，少说一些刺耳的言语。你的赞赏会让对方感觉脸上有光，会让他们对你产生一种好感，并且愿意与你建立友好的人际关系。但是，如果你当着对方的面，说一些刺耳的言语，比如直接说出对方的缺点，就会让对方觉得心里不好受。

第 10 章 赢得信任：遵循这些原则让你迅速赢得友谊

行为线索

一般而言，人与人之间的交往都是建立在互相尊重的基础之上的，这就需要我们在交往时要照顾对方的面子。你的一言一行、一举一动，对于他人来说，都是一种交流的工具。他们心里的感受或者想法都会因你所表现出来的行为和所表达的思想而变化；你的一句赞美会让他们露出笑容，而你的一个动作也许会让他们感觉到敌意。因此，在进行交往时，要选择恰当的言辞，恰当的动作，避免伤及对方的面子。如果让对方陷入尴尬的窘境，就会使你们之间的交流无法继续进行。

那是！

今天还去打球啊？这就是你保持身材秘诀吧？

关你什么事！

天天锻炼，你身材也不怎么好嘛。

2.考虑到对方的想法

很多人在交际中，习惯自己占据主导地位，不管说什么话还是做什么决定，他们都自己做主，完全把对方忽视掉。比如，明明是对方邀请吃饭，他们却擅自做主去哪里吃，吃什么。如果是很多人一起聚餐，那么他们这样的行为就会让对方感觉他们不把自己这个主人放在眼里。

总而言之，我们在人际交往中，无论是说话还是做事，言行举止都要照顾他人的面子，考虑到对方的想法。尊重是相互的，你尊重他，他自然也会尊重你，并且会顾及你的面子。

第11章

把握分寸：与上司打交道一定要识趣

在现实工作中，无论你在何处，身居何职，都处于一种管理与被管理的关系中。每天，我们都间接或直接地与上司打交道。上司在管理我们，但是我们却不知道上司是如何来有效地管理我们。很多时候，我们似乎并不了解上司的真正意图，这给我们的工作带来一些阻碍，甚至稍有不慎，就会面临被辞退、炒鱿鱼的危险。

认真观察，洞悉上司的心思

我们在现实工作中面对着各种各样的上司，常常会觉得与他们打交道是一件很困难的事情。上司的很多言语行为是我们摸不透的，他们的很多做法在我们看来也是一头雾水。其实，主要的原因就是我们没有准确领会上司的意图，这样就会造成我们的工作有了一些障碍。每一个上司都希望自己的下属能够准确地领会自己的每一句话，甚至自己做一个手势，下属就应该知道该怎么去做。这样的下属无疑是上司最喜欢的，也是最欣赏的。这就需要我们在实际工作中能够从上司的一言一行，一举一动来透析其真实意图，能够准确领会上司的心思，进而有效地开展工作。

如何准确领会上司的意图，这大部分取决于你作为下属的心态。如果我们没有主动去适应上司的工作风格和工作习惯，就会使自己处于一个十分被动的地位，自己也会感觉到与上司总是格格不入，水火不容。其实，作为职场中的一员，你应该随时端正好自己的心态，既然他是你的上司，那么无论他的性格有多么古怪，你都不可能去改变他。既然是改变不了的东西，那么最佳的办法就是让自己去适应他。

第 11 章 把握分寸：与上司打交道一定要识趣

行为线索

在我们了解上司的过程中，具体需要从几个方面来准确领会上司的真实意图。首先，你需要把自己的上司真正放到上司的位置，而不是采取瞧不起或不屑的态度；还需要准确判断上司的性格，并且相应地采用不同的对策；你需要与上司进行有效沟通，并在沟通中了解上司。

你为什么总是不明白我的意思？能不能有点默契？

我又不是你肚子里的蛔虫。

1.端正自己的心态

当踏入职场生涯，作为下属的我们要时刻端正自己的心态，从内心把上司当作上司看。千万不要把自己"初生牛犊不怕虎"的劲头过多地暴露在上司面前，他只会认为你还不够成熟，也会瞧不起你。即便你在某方面能力超群或者技术出众，那也不能看不起自己的上司。如果你怀着这样一种心理去与上司打交道，上司就会从你的言行举止中看出你的想法，也会在工作中故意为难你。再说，即便上司并不知晓你的心思，但是你对上司的抵触心理也会给你的工作带来一些负面影响。

因此，如果你已经处于职场，那么就要随时保持对上司的尊重。一般情况下，一个既有能力而又不具备攻击性的下属更容易让上司喜欢，也更容易让上司接受你的建议和想法。其实，上司与下属之间虽然存在着一种管理与被管理的关系，但是这种关系实际上是相互的。只要你恰当地把握与上司的关系，就会形成一种利益双赢的局面。

2.摸透上司的性格，对症下药

当你面对自己的上司，你并不了解对方的性格，也不知道该怎么去和他相处。其实，每个人都有自己的性格特点，与人相处的最佳法宝就是避开对方个性中比较消极的部分，而迎合其个性来表现自己。因此，要想使你与上司的交流更为有效地进行，就需要首先判断出上司的性格，然后再采取相应的应对措施。

(1) 判断出上司的性格

在你跟你的上司进行正面接触的时候，就需要了解很多关于上司的信息，而最为重要的一点就是上司的性格特征。比如他的优点和弱点是什么？他喜欢什么样的工作方式？他喜欢怎样获取信息？当发生冲突的时候，他一般采用什么样的方法？因为一个人具备什么样的性格特征，那么他在工作中就会把这样一种个性发挥出来。如果你没有掌握足够多的信息，当你与上司打交道的时候就会盲目行事，这就难免会出现一些不必要的冲突、误会和问题。

当然，了解上司性格特征的途径很多。当你刚开始接触上司的时候，不要急于拉近你们之间的距离。因为你还不了解上司，过分地套近乎有可能给你们的沟通带来一些障碍。你可以通过身边的同事或者上司周围的人证实上司的一些想法，并且在平时工作中寻找各种机会，对上司行为中的蛛丝马迹做细致的观察，这样才能够准确判断出上司的性格特点，进而了解上司的工作习惯与工作作风。

(2) 不同性格的上司，采用不同的应对策略

面对不同性格的上司应有不同的应对策略，这就需要你在平时工作中多观察、多思考。当你摸透上司的性格、喜好之后，再与上司打交道时，就需要对症下药，灵活地采用不同的应对策略。

冷静型的上司通常具有较强的自我保护意识，因此你在

与他接触时不要过于亲近。由于他谨慎的性格特征，他在平时都是自己做详细的工作报告记载，并且欣赏一丝不苟的工作作风。因此，你在工作中就要注意培养自己这样的工作风格，尽可能把你交给他的工作计划写得越详细越好。另外，还要多注意自己的言行举止、穿着打扮，这些方面都要严谨，才会得到他的欣赏。

豪爽型的上司性格外向，因此大多不注重表面形式而更看重你的实际能力。他很欣赏办事认真、细致的下属，对那些不拘小节的下属他也不会反感。但是，面对这样的上司，需要保持真诚坦然的态度，千万不要背着他搞小动作，或者当面顶撞他。

懦弱型的上司没有主见，说话做事容易朝令夕改，面对任何事情都优柔寡断。因此，当你给他一些好的想法和建议的时候，他有可能会接受，也有可能接受之后又拒绝。所以，当你真的有一些好的想法和建议的时候，让与你持同样观点的同事支持你的想法和建议，一起进言。

苛求型的上司总是喜欢"鸡蛋里面挑骨头"，无论你的工作做得多么完美，他都会进行百般挑剔。面对这样的上司，当他在数落你的时候，你需要端正自己的心态，不要太介意他的批评，也许挑剔就是他习惯的一部分。

（3）与上司进行有效的沟通

实际上，了解上司的最佳办法就是进行有效的沟通。沟通是双向的，需要建立在互相尊重的基础之上。你只有在上司面前表现出足够的尊重，才会换来上司对你的尊重，进而才能进行有效的沟通。在与上司进行沟通的时候，你要学会察言观色，仔细观察上司的言行举止，那些细微的举动很有可能就隐含着对方的真实意图。

除此之外，在与上司进行沟通的时候，需要避免自己先入为主的观念。可能你在与上司正式接触之前，通过同事或其他渠道了解到了上司的一些性格特征和行为习惯。而他所具备的那些特征正是你认同或者是比较讨厌的。但是，无论别人是怎么评价上司的，你都不要让那些信息来干扰自己的思路。如果你能够更直接、更全面地对上司进行了解，做好一个下属的本职工作，你就会发现与上司相处其实是一件很容易的事情。

转让创意，让上司出彩

很多员工都碰到过这样的情况，当你向上司提出某种想法和建议的时候，却不能够得到上司的采纳，甚至还有可能处于被上司冷落的局面。其实，造成这样的情况并不是由于你所提出的建议和想法没有可行性，也并不是上司有多么的平庸无能，而是在于你向上司进言的方式不对，很多时候你直接地向上司提出一些意见，会让他难以接受。毕竟上司位居权威的位置，他的威信不允许受任何人的摆布和差遣。若你直截了当地提出意见，反而会让他感觉到不被尊重。因此，当你需要向上司提出自己的想法时，不妨灵活地采用各种技巧，把你自己的想法变成上司的创意。

1.顺势引导

上司也并不是绝对正确的人，由于各方面的因素影响，上司在作决策时有可能存在着一种错误。下属千万不要因为上司出了错误就幸灾乐祸，甚至当场指出其不足之处，这样只会使上司陷入极端尴尬的局面。如果遇到心胸狭窄的上司，他还会恼羞成怒，伺机对你进行报复。而你可以采取顺势引导的办法来处理。

第 11 章 把握分寸：与上司打交道一定要识趣

行为线索

其实，在很多时候，上司之所以不接受你的建议，不是因为他不讲道理、不近人情。对于很多上司来说，尽管他在心里已经承认了你的建议，但是他口上也不会说出来。因此，我们在向上司进言的时候，要特别从上司的角度考虑，灵活运用各种方法，或是顺势引导，或是以退为进，或是站在上司的角度，并且你在进言时需要避开上司的忌讳。这样，才能够把自己的想法变成上司的创意，使上司在不知不觉中接受你的建议。

比如，当你发现你的上司在管理上还是运用的旧思想，也不重视选拔、培养人才，什么事情都事必躬亲，使公司运转效率下降，那么，你不妨建议上司参加MBA学习，接受国内外的先进管理制度，一起讨论公司现在运转中遇到的问题。到时候，上司自己就会改变管理模式，促进工作的有效开展。

每一个上司都不是十全十美的人，他们在能力、认知方面也会有一些偏差，所以他们在工作中也会作出一些失当的决定。而你作为一名下属，就需要去发现这些问题，进而有效地解决问题。当然，你为上司指出问题所在，是需要讲究一定的方法和技巧，寻找一个合适的机会委婉地提出来的。这样上司才会欣赏你的决策，进而对你信任有加。

2.以退为进

有时候，当你辛辛苦苦地拟好了一套工作计划，却得不到上司的赞同。那么，这时候就要避免固执己见，你可以采用以退为进的方法来使上司接受你的方案。当上司开始谈他自己的想法的时候，你不妨认真倾听，并且表示赞同，然后在具体讨论的时候，你可以在他提出的方案中渗透自己的意见，这样上司就会逐渐被你的方案所影响，你再进一步做详细的解释，巧妙地游说，让上司同意你的方案。

在很多情况下，如果上司不同意你的意见，千万不要固执己见，那样只会让上司更加坚持自己的看法。你可以适当作出让步，先对他的意见表示赞同，再巧妙地把自己的观点纳入讨论之中，这样更容易让上司接受你的观点。其实，当双方遇到意见分歧的时候，硬拼只会加重矛盾的冲突；也不能一味地迎合上司的需要，丧失了自己的立场和利益。而最恰当的办法之一，就是以退为进，采用迂回的办法来使对方同意自己的观点。

3.站在上司的角度

其实，很多时候，上司与你之所以存在着意见分歧，那是因为你们在工作上的习惯和风格不一样。这就导致了你们思考问题的方式不一样，进而有着不一致的想法。这时候，你就需要站在上司的角度，了解上司采用的是什么样的思考方法，进而对自己的思路进行调整，以求在表面形式上与上司的想法接近。当你作出了这些改变之后，上司也就更容易了解你的想法和意见。

总而言之，下属在与上司进行思想交流的时候，不能盲目地一味迎合，也不能固执己见、硬拼，而是需要掌握合适的方法和技巧。无论你采用哪种方式，都要考虑到上司的面子和威严，考虑到上司的想法，这样才更容易让上司接受你的意见和想法。

领导相争，绝不站队

有时候，公司内部各部门之间会出现一些利益之争，或者是意见上的分歧，于是两个部门的领导就会处于一个敌对的局面。这时候，作为下属的你，千万不要牵扯其中，即便是把自己牵扯进去了，也要保持中立的态度，谁也不得罪。

1.不要背后说领导的坏话

不管领导在工作和决策中出现了什么样的失误，导致了与其他部门领导发生冲突，都不要在背后说领导的坏话。也不要说其他部门领导的坏话，或者企图以造谣的方式为自己部门领导争口气。这都是极为愚蠢的做法，也许一时的议论和诋毁会满足你的情绪，让你发泄了自己的不满，但是随之而来的真相大白只会削减你的人生价值，甚至有可能中断你的职场生涯。

2.不要随便抱怨或建议

当自己的领导与其他部门的领导发生了矛盾，你千万不要在领导面前抱怨敌对者这里不是，那里不是，也不要随便建议如何使敌对者彻底失败。其实，你这样看似有意或无意的建议、抱怨，都会成为催化剂，加剧矛盾双方的冲突。

第 11 章 把握分寸：与上司打交道一定要识趣

行为线索

其实，不管是自己上司、领导与其他人发生了争执，还是其他部门之间的领导出现了利益纠纷。你都需要保持中立的态度，不要偏袒任何一方，不要说任何一方的坏话或者采取类似的行为。因为你的身份仅仅是一位普通员工，你的言语和行为并不能影响到他们，也不能解决双方之间的矛盾问题。所以，最佳的办法就是置之不理，置身事外，谁也不得罪。

> 我要是知道我就当领导了。

> 这个项目你们经理和我们经理各执一词，你觉得谁有道理？

实际上，领导在面对一些情况的时候，往往有自己的判断标准，有自己解决问题的一套方法，而不需要你用一些不相干的信息来干扰领导的判断及决策。

总而言之，当领导之间出现争执的时候，切忌添油加醋、火上浇油，或者是随意挑拨领导之间的关系。其实，你自己只需要站在中间，这样对于双方及时解决问题会有一个较为缓和、轻松的时间和空间。

上司的要求，如何拒绝

俗话说："人非圣贤，孰能无过。"上司也会出现各种各样的失误或者错误，而当他所做的决定与你的利益相关时，你更要懂得用自己的方式进行拒绝。当然，不同的人，所选择的拒绝方式也会不一样，这也就造成了不同的结果。但是，不管你所选择的是哪种方式，都要掌握好分寸和技巧，否则稍有不慎你就有可能犯了职场大忌。

1.拒绝的原则

拒绝上司的要求也是需要遵循一定原则的。只有把握好了这些原则问题，才能够使自己在回绝上司的时候，居于主导位置。

（1）理由的客观性

首先，你回绝上司时所说的理由必须是客观的，只有说出自己拒绝的客观理由，上司才有可能接受。比如，在工作中针对上司提出的不合理的要求，你可以进行委婉地拒绝；当上司要求你去做一些违背良心的事情，你也可以拒绝。但是，如果仅仅是正常加班之类的问题，那么你就要学会忍让，毕竟对于公司来说，加班就是无可厚非的事情。

> **行为线索**
>
> 一般而言，你的回应方式既是对上司的一种答复，也是对自己能力的一种展现。这就需要你掌握一些交流的技巧和谈话的忌讳，这样才能使自己在交流之中处于主导位置。虽然，你的职场生涯中，是有权力说"不"的，但是你也要有说"不"的能力。这就需要你所选择的拒绝理由必须是客观的，所说的言辞要委婉，还需要自己有一定的实力。除此之外，你还应该避开一些雷区，比如动不动就以辞职威胁，这样是极为不妥的。

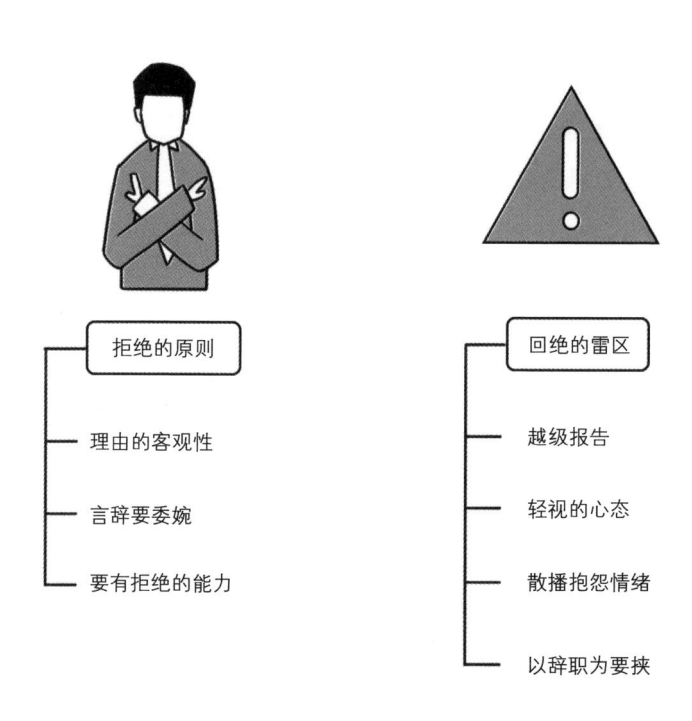

拒绝的原则
- 理由的客观性
- 言辞要委婉
- 要有拒绝的能力

回绝的雷区
- 越级报告
- 轻视的心态
- 散播抱怨情绪
- 以辞职为要挟

其次，你回绝上司的要求，并不能基于主观原因，不应该掺杂个人情感，而应该是为了更好地工作。对上司进行拒绝时，你需要说明这并不是从个人角度出发，而是为了把自己的分内工作做好。这样的理由才更容易被上司所接受。

（2）言辞要委婉

上司需要管理的是整个团队，并不只是某一个人，保持自己的权威性对他来说十分重要。这就需要你在回绝时要特别注意自己的言辞，选择一个合适的场合，用友好的语调与其交谈，这能让上司感觉到你的尊重，感觉到你是在为他维护权威和形象，他就会觉得你是一个善解人意的员工，也会对你产生一种好感。千万不要用冲撞的语气跟上司说话，这样只会造成争吵，而争吵的结果通常都是自己被迫降职、走人或者从此在公司没有好日子过了。

（3）要有拒绝的能力

当上司极力要求你去干某件你不愿意干的事情，于是你决定向上司辞职，此时你需要为自己准备退路。你需要考虑一些问题，比如，当你辞职后找不到新的工作怎么办？自己才出校门的第一份工作就这么丢了，以后怎么办？自己的能力并不是很优秀，找一份工作也不简单。因此，当你决定对上司说不的时候，你要为自己留条后路，确保自己即便是与上司闹得很不愉快，自己还有另外的地方可以去。否则，就会使自己在回绝后追悔莫及。

2.回绝的雷区

当你对上司的要求进行回绝的时候，还需要避开一些雷区。那些雷区都是上司极为敏感的部分，如果你触碰了那些需要忌讳的地方，就会使自己陷入无法挽回的局面。以下是一些不能触碰的雷区。

（1）越级报告

有些人对上级的某些方面很不满，但是又无法与上级统一想法，于是就选择越级报告上级领导。其实，这是职场中的大忌，其结果基本上都是以失败而告终。上级领导只是你的间接上司，他并不了解整件事情的经过。而且在很多时候，他宁愿相信自己直系下属的话，而不愿意相信你的那套说辞。

（2）轻视的心态

即便是回绝上司，你也要确保自己的态度恭敬。当你对上司说"不"的时候，已经让上司感到不悦了，若你再在态度上对他轻视，那无疑是火上浇油。他会感觉你让他失去了面子，进而对你产生仇视心理，你这就为自己的职场发展带来了不必要的麻烦。因此，你绝不能轻视上司，而要怀着一种恭敬的态度，给予对方足够的尊重。

（3）散播抱怨情绪

即使上司对你有什么苛刻的要求，那也是为了工作能够有效地开展，而你千万不要向同事抱怨上司的不是。因为你不能忽视了舆论的强大力量，你的一些小抱怨，可能经过无数人的传播，最后到达上司那里已经面目全非。这无疑是间接地激化了你与上司的矛盾，上司对于你这种背后说坏话的人也不会有多大的信任，进而给自己的工作带来一些负面影响。

（4）以辞职为要挟

当很多下属面对请求加薪、晋升不成时，就以辞职为要挟，这样的回绝态度会让上司无法接受。即便是你很优秀，有着卓越的能力，公司可能暂时会因为少不了你跟你进行交易，但是他们也会寻找能够替代你的人。因为，像你那种动不动就说辞职的人，他们不希望继续重用下去，到时候你只会让自己的要挟成为现实。

第12章

亲密有间：与同事打交道不可过分亲昵

在我们的工作过程中，同事是我们互相交往、接触最多的人，这就造成我们很难定位同事的位置，他们有可能是朋友，有可能是竞争对手，有可能是敌人。这就需要我们在与同事相处的时候，把握好彼此之间的关系，既不过分疏离，也不过分亲密。

把握距离，不可与同事走得太近

人与人之间的交往，其实都是建立在功利性原则的基础之上的，尤其是与我们存在着利益关系的同事。有时候，很多同事为了获取你身上更多有价值的东西就会对你做一些表面的示好，或者故意与你保持一种亲密的关系。当你发现在办公室有这样的同事时，千万要与之保持距离。

人与人之间的交往，其实是本着一个互利的原则。说到底，人们之间的交往都是为了满足自己心理的需求，同事交往也不例外。所以，如果仅仅是对方想从你身上得到什么有价值的信息，那么你就不妨与对方保持距离。

一般而言，那些带着某种功利性与你交往的同事，他并不是出于一种真心，而是别有所图，他们希望通过你来接近某个人，或者是想了解一些你的工作信息，或者是想依靠你得到职场生涯的发展。总而言之，他们有着不可告人的目的，是想通过与你交往来达到这样的目的。他们的行为表现出来的一般都是过分热情地接近你，给你一些小恩小惠，说一些甜言蜜语，企图获得你的好感。面对这样的人，就要避而远之，与他们保持一定的距离，他们就不会达到自己的目的了。

第 12 章 亲密有间：与同事打交道不可过分亲昵

行为线索

如果遇到那些带着功利性与我们交往的同事，我们很可能在一开始的交往中吃亏，但如果已经认清了他的真面目，我们就要避开他，以免自己被他多次利用。

谢谢，我在减肥不能喝奶茶。

我买了你最喜欢喝的奶茶，投票的时候考虑考虑我哦。

219

同事争功，要维护自己的成绩

当我们在面对争功的同事时，自然会产生一种愤愤不平的情绪，甚至会气急败坏。其实，在这种情况下，任何负面的情绪都解决不了问题，我们只能积极地正面应对。怎么来解决这样的问题？如何拿回属于自己的功劳？那才是我们值得思考的问题。下面我们简单地介绍几种方法，或许对你会有所帮助。

1. 先赞赏争功者，再重申功劳是自己的

当面对争功者，你不妨先巧妙地赞赏一下对方，你可以再一次对抢你功劳的同事的能力和想法进行赞赏，让他处于飘飘然的境地。

然后，你再不失时机地提出："想起我们当初一起决定这个企划案计划的时候，你的见解就是独一无二的，我总是佩服你，对任何事情，你都有你自己独到的看法。"那么，对方在面对你的夸奖，也会客气地说："其实也有你的一份功劳。"其实，我们在与对方进行语言交流的时候，要着眼于事情的积极一面，也许你的同事也是为了把工作做得更好，而并不是故意想把功劳占为己有。

第12章 亲密有间：与同事打交道不可过分亲昵

行为线索

在我们的身边，总是存在着一些想"坐收渔翁之利"的人。当你花了两天时间写出一个企划案，或者自己勤奋工作为公司赢得了很大的荣誉时，对方却想把这份功劳占为己有。这样的一类人就是我们在职场上经常遇到的"争功"的人，他们有可能会是我们亲近的同事，也有可能是我们的竞争对手。其实，不管那些与我们"争功"的人是出于一种什么心理，我们都需要去正面应对，不能随他们而去，否则以后他们可能还会继续争夺你的功劳。

> 这是我的方案，请大家过目。

> 这明明就是我做的，昨天和他讨论了一下就被他用了。

如果你觉得这个方法比较适合运用，就需要及时地采取行动。应该在上司还不知道具体情况下就把属于自己的功劳争取过来，如果等到对方已经把你的想法散布出去，并开始具体实施的时候，再邀功就会增加一定的难度。

2.用书面报告报告上司，同时向你同事发短信

面对争功的同事，你完全可以争取回自己的那份功劳。为了向上级领导澄清事情的真相，你可以写一份书面报告递给上司，同时也向与你争功的同事发一条短信。当然，你在写给上司的书面报告中，绝不能有任何的负面影响，你只需要把事情的真相原原本本地叙述出来，切忌为了报复对方而杜撰出一些破坏对方形象的事情来。而你在给同事的短信中，也不要让对方有任何不快的情绪。你发短信就是为了委婉地提醒一下对方，那个想法是自己当初随便提出的，没有想到你却能够灵活地运用，居然得到了上司的重用。你可以在短信的交流中，说清楚一些有关你们之间谈论计划的日期、标题，这样可以更为有效地让对方回忆起当时的情况。

如果到最后对方还是没有想起来，或者故意支支吾吾，那么建议你可以与对方进行一次面对面的交流。这样可以再有一次机会含蓄地强调一下自己的意思，那就是"那个主意是自己想出来的，功劳自然不会完全属于你"。假如对方真的把你的功劳忘记了，想把功劳归属于自己，而上司又不了解真相，那么这个方法一定能帮助你争回功劳。

3.以退为进，退出争夺之战

如果你继续与对方争夺下去，无疑会付出大量的精力和时间，而且还会使自己疲惫不堪，甚至还会让你们的上司生气。他会觉得你们是在做无谓之争，希望你们把自己的时间投入到更加实际的工作中。在这样的情况下，选择退出争夺之战显然是明智之举，也是最佳办法。你就不妨让对方暂时得了这个功劳，等到关键的时刻，再拿出自己的真才实学与对方一较高下，到时候，上司就会知道谁的能力更优秀，而谁又只会抢夺他人的功劳。因为，在任何时候，时间都会为你证明一切的。

城府深的同事，远离是明智之选

　　一般而言，如果你与城府深的人打交道，即便是与他们认识了很多年，你也不能完全地摸透他们，看透他们的心思，你会觉得他们是一个非常厉害，极难对付的人。三国时期的司马懿就是一个有着极深城府的人，他在面对曹氏亲贵的谩骂、侮辱都以微笑而待之，甘愿顶着一个没有任何实权的官衔。但是，他对于所想达到的目的，则是手段极其铁腕，非常残酷，他有着非比寻常的野心，并且为了坐上皇位，居然整整谋划了十多年。我们既佩服他的毅力、耐力，又对他的残酷行为感到恐惧。因此，对那种有着极深城府的人不宜深交，只需要保持一种和谐的关系即可。

　　王伟无疑是一位城府极深的人，他能够以卓越的工作能力得到上司的赏识，并且还有常人难以具备的隐忍，这都足以成为他在职场最终获得成功的条件。其实，我们并不能判定城府深的人是好是坏，他们只是善于隐藏自己，而且是人际交往中的高手。但是，我们在面对这样的人的时候，不得不多一点儿提防之心，毕竟他们都是工于心计的人，保不准自己就被算计进他们的计划里去了。

　　那么，如何来与城府较深的人进行交往呢？

第 12 章　亲密有间：与同事打交道不可过分亲昵

行为线索

在我们身边的同事中，存在着这样一类人：他很细心，对任何事情都能观察入微，做事也是滴水不漏，平时说话好像很能左右逢源，总能在两个敌人间互不得罪，为人低调谦虚，但交际能力却非常强，口才也很好，思路很快，总是能避免正面冲突。其实，这一类型的人城府相当深。他们总是不动声色，能够有计划、有目的得到自己想要的，有时候他们甚至能为了达到某种目的而忍受一些别人不堪忍受的待遇。如果你身边有这样的同事，需要小心提防他们，不要与他们过于亲近，以免自己成为他们所利用的对象。

1.不要与之为敌

无论你有多么不喜欢城府深的人,也千万不要与之为敌,因为有一个城府较深、工于心计的敌人,对谁来说都是一种灾难。当司马懿最终登上了皇帝的宝座,那些以前与他为敌的人无疑都没有好下场。即便是你对其说了什么刺耳的话,或是做了什么让对方受伤害的事情,工于心计的人也永远都是那副笑脸。但是,你千万不要忽略了他们笑脸后面冷酷的心,他们是那种不达目的誓不罢休的人,也是有着隐隐恨意的人。当有一天,他们摆脱了自己所面临的境地,登上了成功的宝座,他们就会再来跟你算细账,这无疑会给自己带来灭顶之灾。

2.看清自己

如果你无法摸透对方的心理,了解对方的想法,那么至少你要先看清自己。你希望得到什么,你可以付出什么。只有这样,你才能清楚地了解自身的价值,并且清楚自己需要承担的成本。在很多情况下,城府深的人往往不会让别人看出他们的想法,但不管怎么样,知己才能更好地知彼,有时候,看清楚自己并不是一件坏事。

当然,人与人之间交往是需要一定的心理距离的,那就需要你在交往中掩饰自己的一些东西。但是,如果你伪装过深就会让人感觉不好相处,因此,我们自己也不需要去伪装出城府深的样子,这不利于自己的人际交往。而对于那些城府较深的同事,则能躲就躲,敬而远之,因为你永远不知道他们的下一步是什么。

留个心眼，小心那些虚伪的同事

在我们身边有着很多虚伪的同事，他们常常表面对你表示出友好的态度，但是背后却说你的坏话，或者使计策陷害。当我们与这样的人进行相处的时候，一定要格外小心，以免被他们骗了。

当然，在我们的工作中，什么样的人都能遇到，但只要不伤害到自己的利益，那么与其相处还是可以的，因为毕竟每个人除了缺点还有优点。但是，如果有可能，还是尽量少与那些虚伪的同事打交道。

在和同事的人际交往中，我们要重点注意以下几个方面，以防受到虚伪同事的伤害。

1.不要和他们说真心话

面对虚伪的同事，千万不要说出你们的真心话，或者是向对方吐露一些你的秘密、隐私。因为那些虚伪的人通常都戴着假面具，他们可能在赢得了你的好感，获取了你的秘密、隐私之后，把那些作为他们在其他同事面前的谈资。因此，对待那些虚伪的同事，只需要随便寒暄几句即可，而不需要把对方当作真心朋友那样无话不谈。

行为线索

　　虚伪的同事一般都戴着面具与你交往,他们不会在你面前暴露真实的自己。所以,在更多时候我们只要做好自己的工作,小心提防对方就可以了。假如对方是一个虚伪的人,你需要做好的就是自己,与他们保持一定的距离,你也没有必要揭开对方虚伪的面具。因为你们毕竟只是一种利益上的同事关系,而且为了工作还得继续协作下去,就没有必要去追究对方虚伪的目的,只要没有伤害到自己的个人利益,自己完全可以保持一种平和的心态。

2.不要在他们面前抱怨其他的人

当你们在聊天时，千万不要因为自己内心情绪比较坏就在他们面前抱怨其他的同事。如果他们知道了你对某位同事有不满的情绪，他们就会有所行动。他们有可能会把你所抱怨的那些再进行添油加醋地告诉对方，使你们之间的关系更加恶劣；他们也有可能在公司同事面前，假意站在你这边，"帮着"你说那位同事的不是，并且还会把你对同事的抱怨说出来，到时候，不仅仅是那位同事，你自己也可能陷入尴尬的境地。

3.不要过于迁就他们

有时候，虚伪的同事会对你进行甜言蜜语的进攻，并且请求你帮助，这时候，你一定要保持自己的做事风格，不能害怕得罪他们而去迁就他们。当然，直接拒绝他们，这样得罪一个虚伪的同事也不是一件好事，但是一味地迁就更不是上策，这会使对方感觉找到了你的软肋。最佳的办法，就是进行巧妙地拒绝，既不伤彼此的和气，也使对方明白你真的是有难处，进而理解你。

4.谨言慎行，做好分内工作

那些虚伪的人都善于观察身边的人，洞察他人的心思，所以，你在交往中千万不要小看了他们的能力。你自己更要谨言慎行，做好自己的本职工作，千万不要企图做一些小动作，这样只会让他们抓住你的把柄，揪住你的小辫子。俗话说："身正不怕影子斜。"只要你的言行举止没有丝毫的漏洞，他们就拿你没辙。

5.与他们沟通要有防备之心

俗话说:"防人之心不可无。"特别是面对那些虚伪的人,需要有一定的提防心理。无论是说话还是做事都要果断,自己的事情自己做主,对方给你建议或者答案只能作为参考,要按照自己的想法作出决定。有时候,如果你轻易地相信了别人所说的话,就有可能中了他们的圈套,把自己推进一个困难的境地。

总而言之,你在与那些虚伪的人打交道时一定要小心,以防自己上当受骗。其实,在某些时候,我们身边的那些虚伪的同事也不是那么难相处。在你与他们相处的过程中,你甚至可以从他们身上学到很多知识,时间久了,你也会善于观察、善于总结、善于洞察人心了。实际上,与他们相处,可以使我们做事更加沉着、老练。另外,在我们的同事之中,也不乏有许多真诚的人。

参考文献

[1]华生.行为心理学[M].北京：现代出版社，2016.

[2]牧之.行为心理学[M].北京：台海出版社，2017.

[3]陈璐.微行为心理学[M].北京：中国商业出版社，2015.

[4]陈玮.微人格心理学[M].北京：中央编译出版社，2015.